专项职业能力考核培训教材

日式料理制作

人力资源社会保障部教材办公室
上海市职业技能鉴定中心 组织编写

中国劳动社会保障出版社

图书在版编目（CIP）数据

日式料理制作 / 人力资源社会保障部教材办公室等组织编写 . -- 北京：中国劳动社会保障出版社，2019

专项职业能力考核培训教材

ISBN 978-7-5167-3921-1

Ⅰ．①日⋯　Ⅱ．①人⋯　Ⅲ．①烹饪 – 方法 – 日本 – 职业培训 – 教材

Ⅳ．①TS972.119

中国版本图书馆CIP数据核字（2019）第123411号

中国劳动社会保障出版社出版发行

（北京市惠新东街 1 号　邮政编码：100029）

*

北京市艺辉印刷有限公司印刷装订　　新华书店经销

787毫米×1092毫米　16 开本　14.25 印张　264 千字

2019 年 12 月第 1 版　　2019 年 12 月第 1 次印刷

定价：**58.00 元**

读者服务部电话：（010）64929211/84209101/64921644

营销中心电话：（010）64962347

出版社网址：http://www.class.com.cn

编审委员会

主　任　张　岚　魏丽君

委　员　顾卫东　葛恒双　孙兴旺　张　伟　李　晔　刘汉成

执行委员　李　晔　瞿伟洁　夏　莹　全　权　赖声强

编审人员

主　　编　赖声强

副 主 编　胡元捷　王　芳

主　　审　全　权

前　言

职业技能培训是全面提升劳动者就业创业能力、提高就业质量的根本举措，是适应经济高质量发展、培育经济发展新动能、推进供给侧结构性改革的内在要求，对推动大众创业万众创新、推进制造强国建设、推动经济迈上中高端具有重要意义。

根据《国务院办公厅关于印发职业技能提升行动方案（2019—2021年）的通知》（国办发〔2019〕24号）、《国务院关于推行终身职业技能培训制度的意见》（国发〔2018〕11号）文件精神，建立技能人才多元评价机制，完善职业资格评价、职业技能等级认定、专项职业能力考核等多元化评价方式，是当前深化职业技能培训体制机制改革的重要工作之一。

专项职业能力是可就业的最小技能单元，通过考核的人员可获得专项职业能力考核证书。为配合专项职业能力考核工作，人力资源社会保障部教材办公室、上海市职业技能鉴定中心联合组织有关方面的专家、技术人员共同编写了专项职业能力考核培训教材。

专项职业能力考核培训教材严格按照专项职业能力考核规范及考核细目进行编写，教材内容充分反映了专项职业能力所需要的核心知识与技能，较好地体现了适用性、先进性与前瞻性。教材在编写过程中，聘请相关行业的专家参与教材的编审工作，保证了教材内容的科学性及与考核细目、题库的紧密衔接。

专项职业能力考核培训教材突出了适应职业技能培训的特色，使读者通过学习与培训，不仅有助于通过考核，而且能够有针对性地进行系统学习，真正掌握专项职业能力的核心技术与操作技能。

本教材在编写过程中得到盐地阳一、史政、冯伟、朱颖海、刘状、杨坚雄、陆勤松、陈华、周亮、凌云、凌伟俊、彭波等的大力支持与协助，在此一并表示衷心感谢。

教材编写是一项探索性工作，由于时间紧迫，不足之处在所难免，欢迎各使用单位及个人对教材提出宝贵意见和建议，以便教材修订时补充更正。

人力资源社会保障部教材办公室
上海市职业技能鉴定中心

序

日式料理是世界公认的、烹调过程一丝不苟的国际美食，这也造就了日式料理精致而健康的饮食理念。日式料理的烹调特色是着重自然原味，而原味也正是现代健康饮食的首要精神。日式料理的烹调方式从慢火熬制高汤到调味，均以保留食物的原味为前提。

一位好的日式料理师必须成为食用者与大自然之间的桥梁，在日式料理师精心烹调下，让客人品尝到地道的天然美味。

日本文化原本是从中国唐朝借鉴的，充满了浓厚的古文明味道。因为日本的大部分文化（包括餐饮文化）在一定程度上来源于中国，而后又结合西方得到了繁衍和发展，所以中国人对待日本文化会有某种求知欲和亲近感，从文化着眼，进而喜爱其料理。

《日式料理制作》是精心编写的专项职业能力考核培训教材，适合读者在经过系统化专业理论知识学习的基础上进行操作技能训练，让他们将日式料理制作的理论知识运用到日式料理制作的实践中去，着重培养独立制作刺身、寿司和日式汤菜料理的专项技能，通过任务引领的方式做到"理""实"统一，在做中学，在学中做。教材以技能操作为主线，用图文相结合的方式，通过实例循序渐进地介绍各项操作技能要领，便于读者理解和对照操作。

这是一部凝聚了以赖声强先生为代表的编写团队的集体智慧和心血的力作，希望读者通过认真学习和领悟，能够秉承大师们的匠心匠艺，掌握这个岗位所需要的基本操作技能，从而顺利取得日式料理制作的上岗资质，并实现职业素质能力的提升。

上海市第二轻工业学校

滕　琴

CONTENTS

项目 1

基础操作

任务 1 ••••• 米饭制作

一、淘米

1. 将足量水倒入盆内，加入米，轻轻搅拌，直到水变浑浊。搅拌 10 次左右，水就变浑浊了。

2. 水变浑浊后需把水倒掉，不然米会吸收淘米水，吸收了浑浊的淘米水会让米饭有异味。

3. 用手将米捧起来，不要加水，轻轻揉搓。如果米量较大，就不用捧起来，直接用手按压揉搓。

4. 倒入水轻轻搅拌，重复上述步骤，直到水变得透明，可以清楚地看到米为止。

5. 将米倒入筛子，沥干水分，盖上湿布静置 30 min，让米吸收其表面的水分。

相关链接

处理免淘米、糯米等其他米的方法

已提前去除米糠的免淘米不需要像普通大米那样用力清洗，可稍微冲洗，留下较多水分。糯米淘洗后，用水浸泡一晚，使用前再倒入筛子，沥干水分。

二、普通锅煮饭

1. 米淘洗后静置 30 min，倒入锅中，并倒入和米等量的水。

2. 盖上锅盖，大火加热。煮沸后再转小火煨 10 min。关火，不要打开锅盖，用余热焖 5 ~ 10 min。

三、砂锅煮饭

1. 米淘洗后静置 30 min，用量杯取和米等量的水，将米和水放入砂锅中。

2. 盖上锅盖，大火加热，煮沸后转小火，不要打开锅盖，煨 10 min。
3. 关火，不要打开锅盖，用余热焖 10 ~ 15 min。

用砂锅煮米饭美味的原因

　　煮米饭适合使用厚实、保温性好的锅。砂锅可以储存热量，导热性能好，适合用来煮米饭。此外，砂锅边缘要比锅盖略高，锅盖在砂锅内侧，水不会溢出。

任务 2 ••••• 高汤制作

一、日式高汤的原料

1. 海带

应选择较厚、表面有白色粉末的海带。用布将杂质擦拭干净，不能用水清洗。

2. 鱼干

鱼干由沙丁鱼等小鱼煮熟后晒干而成。要选择干燥、鱼皮完整、形态规整的鱼干。

3. 柴鱼片

鲣鱼煮熟，干燥后削片，即为柴鱼片。

4. 干香菇

干香菇用水浸泡 10 h 后沥干水分，味道就会散发出来，可以用来煮高汤。

5. 大豆

大豆是高汤的原料之一。将大豆干炒后，放入海带高汤里，浸泡10 h 以上。

高汤的秘密

1. 保存方法

高汤一定要充分冷却，密封冷藏，以免沾染到其他味道。用来煮高汤的海带、鱼干、柴鱼片等也要放入罐中密封起来，并放在阴凉处保存。

2. 保存时间

一次高汤、二次高汤都要在当天用完。保存 2～3 天后的高汤味道会变差。高汤不要放置太久，最好随用随煮。

3. 水质

软水比硬水更适合用来煮高汤。如果用矿泉水，要选择软水；如果用自来水，要先静置一晚再用。

二、一次高汤

一次高汤是用柴鱼片、海带煮一次而制成的高汤，是日式料理中常用的基础高汤。因为一次高汤煮制时间较短、方法简单，适合用来煲汤或作为炖煮汤底、蒸菜酱汁等。

1. 原料

水	1 L
海带（5 cm×10 cm）	1 片
柴鱼片	约 15 g

2. 制作步骤

（1）用布擦拭海带表面的杂质，去除灰尘。将海带用水浸泡一晚，泡发至恢复原本的形状为止。

（2）将海带连水一起倒入锅内，用中火加热，煮到接近沸腾。等周边开始冒泡后，取出海带。

（3）立即放入柴鱼片，在沸腾前转小火，以免高汤变酸或者浑浊。

（4）撇去浮沫，关火。将浮沫倒入其他碗内，液体再倒回锅内。

（5）等柴鱼片沉到底部后，用纱布慢慢过滤汤汁。如果不慢慢过滤，高汤容易变得浑浊。

三、鱼干高汤

鱼干高汤是用去头、去内脏的鱼干浸泡或煮制而成的高汤。如果烹饪前鱼干比较潮湿，高汤就会变得腥臭。因此，鱼干保存时要注意防潮。

1. 原料

水	1 L
鱼干	25 g
酒	1 匙

2. 制作步骤

（1）用手指去除鱼干的头部和内脏。稍稍清洗后，用水浸泡一晚。天气炎热时要冷藏。

（2）将鱼干连同水一起倒入锅内，用中火加热。加入酒，保持微沸的状态，撇去浮沫。

（3）再煮 10 min，煮出香味后关火，用纱布轻轻过滤成清汤。

四、二次高汤

将煮过一次高汤的海带和柴鱼片加上新的柴鱼片烹煮即成二次高汤。新的柴鱼片被称为追加柴鱼片。

1. 原料

水	1 L
柴鱼片	7.5 g
煮过一次高汤的海带和柴鱼片	适量

2. 制作步骤

（1）将煮过一次高汤的海带和柴鱼片放入锅内，加水。大火加热，煮沸后转小火，再煮 5 ~ 6 min。

（2）水减少一成后加新的柴鱼片，中火加热。煮沸后撇去浮沫。

（3）关火静置 3 min，用纱布过滤。将柴鱼片和海带放在纱布上，用筷子用力按压过滤。

五、素高汤

素高汤是不使用鱼和肉，而使用素食制作而成的高汤。因其味道略微清淡，所以可搭配其他高汤一起使用，适用于煲汤或炖煮。

1. 原料

原料	用量
水	1 L
海带	4 g
干香菇	6 个
胡萝卜干、藕皮	40 g
炒过的大豆	10 g

2. 制作步骤

（1）将除去水分的原料全部放入锅内。原料一定要干燥，大豆要稍稍炒过。

（2）将水慢慢倒入锅内，最好使用矿泉水。

（3）浸泡一晚，天气炎热时要冷藏。可以用保鲜膜包起来，以免沾上杂质或灰尘。

（4）将浸泡过的原料和水一起用中火加热，煮到接近沸腾。一旦沸腾，就会有涩味，所以要特别注意。

（5）只要锅边开始冒泡，就可以关火了。撇去浮沫，汤汁要倒回锅内。

（6）轻轻将高汤倒在铺有纱布的笊篱上，慢慢过滤。泡发的大豆、干香菇可以用于其他料理。

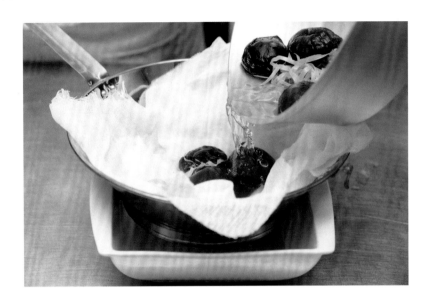

任务 3 ●●●●● 酱汁制作

一、三杯醋

1. 原料

醋	3 大匙
高汤	2 大匙
砂糖	1 大匙
薄口酱油（味道稍淡的酱油）	1 大匙

2. 制作步骤

将薄口酱油和砂糖放入锅内，煮到砂糖溶解后关火，加入高汤和醋。

3. 适合料理

三杯醋适用于醋拌料理、凉拌料理等。

二、味噌酱

1. 原料

白味噌	4 大匙
砂糖	2 大匙
味淋	2 大匙
酒	2 大匙

2. 制作步骤

将所有原料放入锅内，煮到白味噌原本的厚度即可。

3. 适合料理

味噌酱适用于柚子味噌酱、酱烤魔芋等。

三、腌鱼酱汁

1. 原料

酱油	2 大匙
味淋	2 大匙
酒	2 大匙

2. 制作步骤

将所有原料放入碗内充分混合即可。

3. 适合料理

腌鱼酱汁适用于酱渍烤鱼等。

四、日式调味汁

1. 原料

素高汤	2 杯
砂糖	2 大匙
酒	2 大匙
味淋	2 大匙
薄口酱油	2 大匙
盐	1/2 小匙

2. 制作步骤

将所有原料放入碗内搅拌均匀即可。

3. 适合料理

日式调味汁适用于制作南瓜、芋头、油豆腐、关东煮的汤头等。

五、日式芝麻酱

1.原料

熟芝麻	6大匙
砂糖	1大匙
味淋	1大匙
酱油	3大匙
高汤	1大匙

2.制作步骤

将熟芝麻、砂糖、味淋、酱油、高汤拌匀即可。

3.适合料理

日式芝麻酱适用于凉拌蔬菜及年糕、乌冬面的蘸酱等。

六、八方汤头

1. 原料

一次高汤	8 大匙
薄口酱油	1 大匙
味淋	1 大匙

2. 制作步骤

将薄口酱油、味淋放入一次高汤里拌匀即可。

3. 适合料理

八方汤头适用于茶碗蒸、乌冬面的汤头、腌渍食材的酱料等。

相关链接

每天烹饪都会用到的秘密武器，让你不再烦恼如何调味

　　日式料理使用的高汤、酱汁非常方便，只要事先做好，就能应用在各种料理中。例如，一次高汤、味淋、薄口酱油以8：1：1的比例混合而成的八方汤头，可以用于凉拌、炖煮等各式各样的料理中。如果稍加改变，一次高汤、味淋、盐或者酱油、砂糖的比例改为5：1：1：1，可以当作盖浇饭的酱汁。另外，比八方汤头更浓稠的八方汤底，可以作为煲汤的主要食材，用于调味。

　　只要稍微调整酱汁原料的比例，就能享受各种美妙的变化。所以不妨多做一些，关键时刻就能派上用场。不过，酱汁最好不要放太久，即使冷藏，最好也要在3天内用完。

任务 4 ••••• 腌渍

一、米糠腌

1. 原料

生米糠	1 kg
水	1 L
粗盐	230 g
蔬菜叶（芹菜叶、白萝卜叶、高丽菜等水分较多的蔬菜）	80 g
鹰爪辣椒	2 根（2 g）
海带（10 cm × 10 cm）	1 片
生姜	1 块
鲣鱼丝	3 g
黄瓜	1 根（160 g）
胡萝卜	1 根（60 g）
茄子	1 根（150 g）
山药	150 g

2. 提示

米糠腌料要静置 1 ~ 2 个星期，腌蔬菜需要半天时间。

3. 米糠腌料制作步骤

（1）生米糠放入平底锅内，用中火翻炒。如果米糠里有虫，翻炒可以杀灭。也可用微波炉加热，加热时不需要覆保鲜膜，直接加热 1.5 min 让表面变热即可。

（2）加热后，放入浅盘里降温，静置到完全冷却。

（3）水、粗盐放入锅内，大火煮沸后冷却备用。水和粗盐的比例为 1 ∶ 0.13。搅拌可让盐快速溶解，消除水的异味。

（4）分几次将前面制作好的盐水放入米糠中拌匀，搅拌时要像制作麻薯一样轻捏。依照米糠的水分来调整水量，如果加水太多，会变得太黏稠。

（5）在米糠中加入一些蔬菜叶。

（6）加入鹰爪辣椒、海带、生姜、鲣鱼丝。

（7）用力按压使原料中的水分渗出。表面铺纱布吸去水分，并将容器边缘的米糠擦拭干净，避免腌料变质。

（8）静置1～2个星期备用。每天搅拌2次，让米糠腌料接触空气。

4.蔬菜预处理步骤

（1）用案板摩擦黄瓜，去除涩液。

（2）取胡萝卜中段并去皮。较粗的部分要划刀，使其容易入味。

（3）茄子去蒂。

（4）黄瓜、胡萝卜、茄子表面抹盐，胡萝卜划刀处也要抹盐。

（5）因为山药分泌黏液，所以不要去皮，直接抹盐。

5. 米糠腌料腌渍蔬菜的步骤

（1）蔬菜用米糠腌料覆盖。

（2）盖上纱布后密封起来，放在阴凉处。蔬菜腌渍半天就会入味。

（3）取出蔬菜，将米糠清洗干净，切成方便食用的大小后装盘即可。

二、浅渍

1. 原料

白菜	1 片（50 g）
胡萝卜	1/3 根（20 g）
黄瓜	1/4 根（40 g）
生姜	1 段（3 g）
柚子皮	1/8 个
粗盐	1 小匙
海带（3 cm×3 cm）	1 片
去籽辣椒	1/2 根

2. 制作步骤

（1）白菜斜切成 5 cm×5 cm 的大小。

（2）胡萝卜切丝。

（3）黄瓜切成厚为 2～3 mm 的圆片。

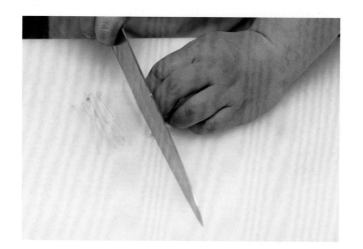

（4）生姜切丝。

（5）去除柚子皮内侧白色部分，切丝。

（6）将切好的原料放入塑料袋内，加入粗盐、海带（海带用水泡软后切丝）、去籽辣椒。

（7）揉搓使原料均匀入味。

（8）原料先放入碗内，再用另一个装了水的碗压在其上，冷藏一晚。

（9）沥干水分，装盘即可。

三、酱油渍

1. 原料

茄子	2 根（180 g）
小芜菁	2 个（200 g）
芹菜	1/3 根（70 g）
笔姜	3 根（60 g）
酱油	1 杯（350 mL）
黄砂糖	200 g
海带（3 cm×3 cm）	1 片
柴鱼片	2 g
鱼干	1 根
柠檬皮	1/6 个

2. 制作步骤

（1）茄子去蒂后，对半竖切。

（2）小芜菁去皮、切块。

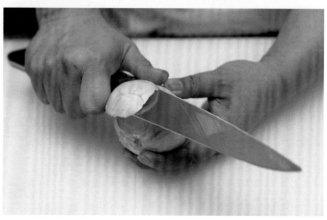

（3）芹菜去筋后切成条状。

（4）笔姜斜切成条。

（5）茄子、小芜菁、芹菜、笔姜用盐水浸泡，覆上保鲜膜，在阴凉处静置一晚。

（6）将酱油、黄砂糖放入锅内，边搅拌边用大火煮，直到黄砂糖溶解后关火降温。

（7）将海带、柴鱼片、鱼干以及去除内侧白色部分的柠檬皮放入材料袋中。

（8）将材料袋放入完全溶解黄砂糖的锅里备用。

（9）取出用盐水浸泡了一晚的蔬菜，沥干水分，改刀切成所需形状。

（10）将蔬菜放入塑料袋内，加入酱汁，冷藏一晚。注意：中间要翻面一次。

（11）腌渍一晚后，将蔬菜取出即可。

任务 5 ●●●●● 蔬菜预处理

一、浸泡

削皮、切过的蔬菜，如果不用清水或者醋水浸泡，会变色，也会变得不新鲜。

1. 用清水浸泡

（1）避免变色。涩液会使茄子、藕等白色蔬菜切开后变成茶色，所以一定要用清水浸泡。

（2）去除辣味。用清水浸泡洋葱、笔姜等，能去除辣味，让口感更爽脆。

（3）保持新鲜。切丝或切片后的蔬菜容易干瘪，用清水浸泡，能保持水分，让口感更爽脆。

（4）去除涩液。为了缓和苦味和涩味，芥蓝、萝卜等苦涩味较重的蔬菜要用清水浸泡一段时间。

2. 用醋水浸泡

（1）突显颜色。醋有显色作用，可以让藕片或笔姜等显色。

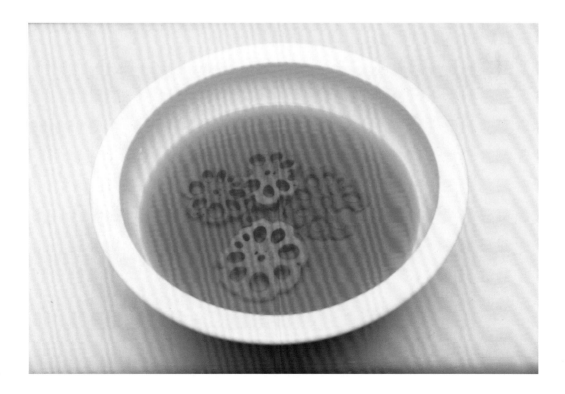

（2）去除涩液。牛蒡等食材切后渗出的涩液会使切口变成茶色，因此必须用醋水浸泡，使用前再用清水洗净。

二、焯水

用大量的热水焯蔬菜，让其均匀受热，可以去除多余的涩液和黏液。

1. 用米糠焯

竹笋等蔬菜可以和米糠一起焯水，米糠能够吸收涩液。

2. 用盐水焯

青菜用盐水焯过后会变成绿色，绿色越深表示涩液越强。

水菜、小松菜等涩味较重的青菜，用盐水焯过后应再放入凉水中浸泡，等涩味消失后沥干水分。

3. 用淘米水焯

（1）去除涩液。淘米水含有米糠，能够吸收涩液。

（2）突显白色。白萝卜、芜菁等白色蔬菜用淘米水焯过后会变得更白、更亮丽。

（3）去除黏液。淘米水可以去除蔬菜上的黏液。淘米水焯过的蔬菜应使用清水浸泡，以去除淘米水的味道。

4. 用醋水焯

用醋水焯可避免蔬菜变苦或变色。例如，牛蒡涩味很重，比起用清水，更适合用醋水焯。

三、控干

1. 处理黄瓜

（1）黄瓜两端涩味很重，都要切掉。

（2）用切掉的部分和切口摩擦。

（3）将盐撒在黄瓜表面，在案板上滚动摩擦，磨掉表面的凸起。

2. 处理青菜

如果用手拧含有水分的青菜，要么拧不干水分，要么太用力会将青菜拧断。

（1）将用盐水焯过的青菜晾凉，放在寿司卷帘上，左右按压，轻轻挤出水分。

（2）用卷帘将青菜卷起来，双手从上往下握紧卷帘。

（3）用力握紧，让水滴落。

（4）将青菜切成合适的大小。卷好后再切会比较好切。

扭转卷帘是错误的做法

　　扭转卷帘会将青菜拧断或破坏青菜的纤维，甚至损坏卷帘。一定要握紧卷帘挤干水分。

四、切割

　　从经常使用的基本切法到让料理更赏心悦目的装饰切法，切法可谓五花八门。另外，采用不同的切法，口感也会有变化。

1. 切丝

　　将切成薄片的蔬菜叠起来，沿着纤维的方向切丝，可用来做生鱼片的配菜等。

2. 切圆片

　　保留蔬菜的圆形，切成有一定厚度的片，适合切黄瓜、胡萝卜、白萝卜等。

3. 切末

切末就是将切丝的蔬菜拢起来切碎。颗粒比较粗的，称为粗末；颗粒比较细的，称为细末。

4. 切半圆

先将圆柱形的蔬菜竖着对半切，然后从一端开始切成一定厚度的半圆；也可以先切成圆片，再对半切。

5. 切滚刀

刀朝向不变，一边切一边转动蔬菜，将切面朝上。

6. 切扇形

将切好的半圆再对半切，因其形状和银杏叶的形状很像，也称为银杏切。

7. 切薄片

牛蒡、胡萝卜等较细长的根茎类蔬菜要像削铅笔一样切成薄片，切得越薄越容易入味。

（1）用刷子清洗牛蒡，在表面竖着划几刀。

（2）边转动牛蒡，边斜切成薄片。切下后迅速用醋水浸泡。

（3）将划刀的部分切完后，再划几刀继续切，不断重复。

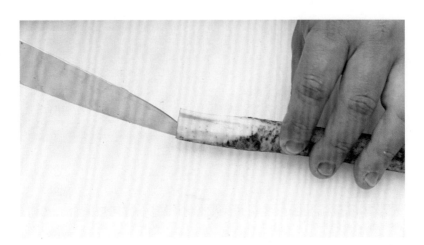

8. 切细丝

青紫苏等很难切成薄片，卷成小筒会比较好切，切的时候尽量切碎一些。

（1）将青紫苏卷成细筒状再切，如果有好几片，可以叠起来卷。

（2）用刀尖从一端开始切成宽约 1 mm 的细丝。

（3）切的时候手要用力压住青紫苏，以免散开。

9. 划刀

白萝卜等较厚的蔬菜不容易煮入味，划刀后更容易入味，但刀纹不应太明显。可以在装盘的背面划刀，或者用刀斜着划线，划成格子纹或十字纹。

10. 修边

炖煮蔬菜时，如果食材有棱角，食材之间会相互碰撞，容易煮糊。可使用刀中间部分将白萝卜的棱角削掉，让其外观更漂亮，且不容易煮糊。

任务 6 ••••• 蔬菜基础雕刻

一、梅花形

可以将圆形蔬菜刻成梅花形。使用胡萝卜等红色蔬菜，看起来更像梅花，十分漂亮。用模具压出形状，操作十分简单。

1.将胡萝卜切成约 1 cm 厚的圆片，用模具压出花朵形状。

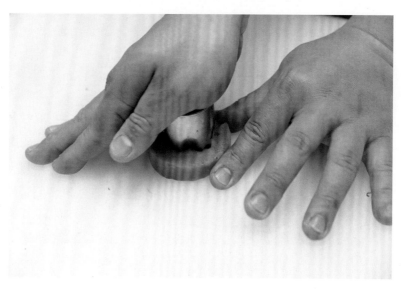

2.将部分花瓣削薄，与剩下的两片花瓣有所区别。

3. 在削薄的部分划两刀，制作出褶皱的效果。

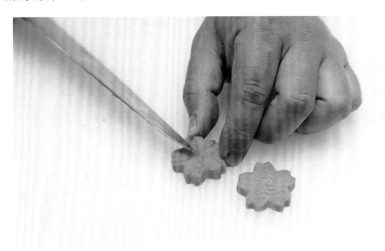

二、玫瑰花形

　　蔬菜、刀具略微浸湿，不仅易于让雕刻件更加干净、漂亮，还能避免干燥。

　　1. 取一段白萝卜，其中 3/4 削成长长的薄片。

2. 切完之后一圈圈卷起来，做成玫瑰花的形状。

3. 卷完后，在边缘蘸上水，稍微固定一下。

三、毛笔形

将笔姜的前端切成毛笔形状。动作要细腻。如果不习惯使用菜刀，也可以使用水果刀。

1. 将笔姜前端白色部分的一半切成 1 ~ 2 mm 厚的薄片。

2. 再将薄片切成 4 ~ 5 等份。如果厚度均等，外观会更加漂亮。

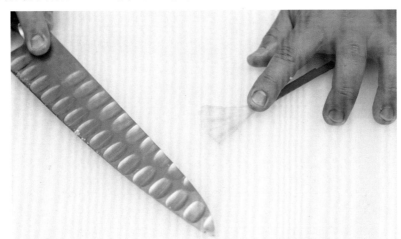

3. 如果要锦上添花，可以竖着划几刀，这样就会更有毛笔的感觉。

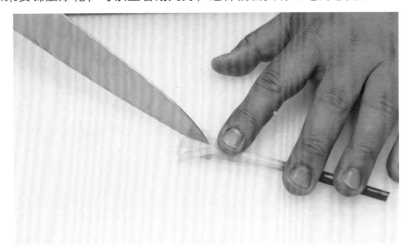

四、松叶形

在柚子皮上划刀，折成松叶的形状，叫作松叶切折。鲜艳的黄色，可以搭配任何料理。

1. 将柚子皮薄薄削下一层，切成 2 cm×1 cm 的长方块。

2. 竖着切两刀（注意左右各切一刀），留下宽约 5 mm 的部分不要切断。

3. 将切好的一端抬起，相互交叉。

五、灯笼形

　　樱桃萝卜有着漂亮的红白两色，可以雕成灯笼和花朵，或者切成圆片，用来装饰和搭配料理。

　　1. 轻轻清洗樱桃萝卜，用刀在上面划 V 形。

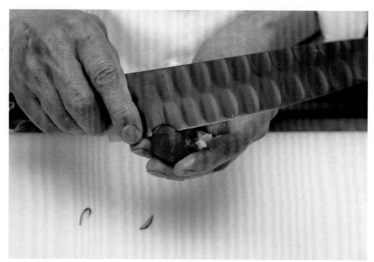

　　2. 在萝卜上等距离地划满一圈。

3. 适当修整，保留一部分叶和茎。

六、其他雕刻和装饰

1. 相生结

把切成细丝的蔬菜打结，做成日本新婚贺卡上的相生结。

（1）将蔬菜切成 2 mm×10 cm 的细条各两根，用盐水焯过。可以选择不同的蔬菜，使颜色搭配更美观。

（2）将蔬菜弯成 U 形后相互重叠，再用竹签和手指使其中一条的前端穿过另一条的圆圈里。

（3）另一边重复相同的动作，拉住两端，轻轻系紧。要留意两根是否均衡。

（4）最后拉紧，以免蔬菜散开。如果长度不一致，可切掉太长的部分。

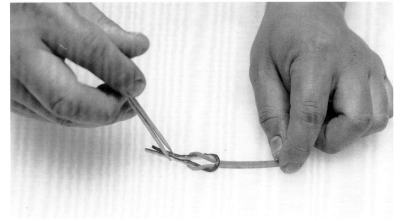

2. 卷轴

甜醋腌渍过的白萝卜或当归做成薄片状，用鸭儿芹绑好，看起来就像卷轴。

（1）白萝卜或当归削成 5 cm×20 cm 的薄片，用盐水腌渍后再用甜醋腌渍。

（2）先将白萝卜或当归沥干水分，卷成筒状；再用盐水稍微焯过的鸭儿芹绑起来，切掉多余的部分。

3. 石笼黄瓜

将黄瓜做成河边或池塘里常见的竹编石笼的形状，可以放上石子或豆子装饰。

（1）将 3 ~ 4 cm 宽的黄瓜段切成薄片，用模具压出空洞。

（2）卷起来后可在里面放入石子或豆子一起装盘。

日式刀具

典型的日式刀具有薄刃刀、生鱼片刀和出刃刀三种。

1. 薄刃刀

薄刃刀主要用来处理蔬菜，因为刀刃薄，所以可切得较细、较薄。

（1）菜切薄刃刀主要用来切菜，可切出很细、很薄的片。

（2）镰形薄刃刀只是刀头做成镰刀的形状，功能与菜切薄刃刀完全一样。

2. 生鱼片刀

生鱼片刀也称为刺身刀。关西的生鱼片刀又称为柳刃刀，刀尖是尖的。关东的生鱼片刀，刀尖是角形的。

3. 出刃刀

出刃刀用来切鱼、鸡骨头等较粗的食材。

项目 2

| 刺身制作 |

任务 1 ••••• 鲷鱼

一、原料鉴别与选用

鲷鱼又称加吉鱼，分为红加吉（即真鲷）和黑加吉（即黑鲷）两种。鲷鱼身体侧扁，背部稍微凸起，长 50 cm 以上，肉质不软不硬，属于比较好切的鱼。

二、初加工

将鲷鱼片成上侧、下侧和中骨三部分。

1. 用鱼鳞刨将表面和鱼鳃部分的鱼鳞刮干净。

2. 鱼头、鱼鳍附近的鱼鳞，边用水冲洗，边用出刃刀的刀尖或刀底刮掉。

3. 打开鳃盖，将连着鱼鳃的两端切开。

4. 从鱼肚入刀，切开鱼腹。

5.取出内脏，用刀尖沿着中骨切开血合肉的薄膜。

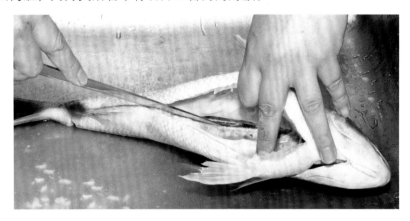

6.用水冲洗鱼肚，最好在流动水下用竹刷清洗，然后用布将水分擦干。

7.在鱼肚上方一竖刀切到中骨，把鱼翻过来重复同样的动作，将整个鱼头切掉。

8. 靠鱼头的部位朝上方，鱼腹面向自己，将整个刀刃贴着鱼身，从鱼头切向鱼尾。

9. 刀贴着中骨切开。

10. 沿着中骨切至骨与肉分离。另一面同样操作。

11. 切除腹部的鱼骨和薄膜。用手触摸，确认鱼骨清除干净。

12. 去除靠近中间的血合肉和血合骨，沿着鱼骨清除即可。

三、加工成形（切片）

1. 去除鱼皮切片

在初加工将鱼切成
三片后，取两片鱼肉去
除鱼皮并切薄片。

（1）从距离鱼尾
约 1 cm 处入刀，将鱼
肉和鱼皮中间切开。

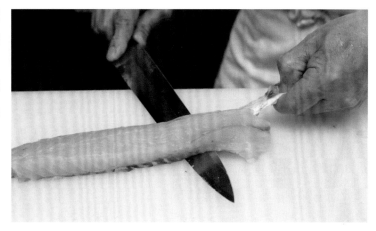

（2）左手抓住鱼尾的皮往左拉，刀前后移动，切掉鱼皮。

（3）鱼肉较厚的部分摆在内侧，原鱼皮所在的一面朝上。用左手按住鱼肉，刀身平摆，刀大幅度地移动，将鱼肉切成薄片。

（4）鲷鱼的肉质富有弹性，切成 2～3 mm 厚的薄片为佳。薄片从左到右叠放成一排。

2. 不去除鱼皮切片

两片鱼肉部分也可不去除鱼皮，直接切薄片。

（1）将初加工切成的带皮鱼片摆在竹篓上，鱼皮朝上，稍微斜放。

（2）用纱布盖在鱼肉上，淋 80 ℃的热水。注意：如果水温高达 100 ℃，会使鱼皮紧缩、鱼肉熟透；如果水温太低，则无法去除腥味。

（3）淋热水直到鱼肉变白、鱼皮弯曲。在容器内装好凉水备用。

（4）立刻用大量凉水浸泡，再用布将水分擦干。注意：如果不立刻用凉水浸泡，鱼肉就会熟透。

（5）为了让卷曲的鱼肉恢复原状，应在鱼皮上垂直轻轻划三刀。注意：如果太用力划到肉，肉容易散开。

（6）切成片。鱼皮朝上，鱼肉较薄的部分面向自己。刀刃紧贴鱼，刀身微微倾斜，切下 1 ~ 1.5 cm 厚的鱼肉。

任务 2 ●●●●● 鰤鱼

一、原料鉴别与选用

鰤鱼是一种伴随着成长，其名字不断变换、价格不断上升的鱼种。这种鱼在日本有 100 种以上的名字。日本著名的鰤鱼产地是面向日本海的富山湾。以纵贯日本中部的大地沟带为界，因喜好的鱼不同而分成西部的鰤鱼文化圈和东部的鲑鱼文化圈。在日本关西地区，鰤鱼是正月里不可缺少的鱼种。在挑选的时候，色泽光艳、有弹性、略大者为佳。鰤鱼肉质非常甜美，脂膏丰腴，含油量非常大。

二、初加工

将鰤鱼片成上侧、下侧和中骨三部分。

1. 使用柳刃刀由尾至头片除鱼鳞。

2. 切除背鳍和臀鳍。

3. 将鱼腹朝上、鱼头朝左，在腹鳍的后侧入刀，朝着鱼头斜向切一个口。

4. 经过胸鳍的后侧，朝鱼头与鱼身的连接处切一个口。

5. 将鱼头朝左、鱼背朝自己，使用同样的方法，经过腹鳍的后侧，朝鱼头切一个口。

6. 剖开鱼腹。

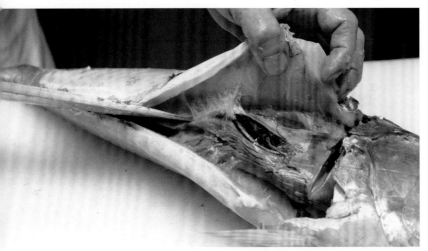

7. 将鱼头与内脏一起拉离。

8. 在血合的上下两侧分别划一刀。

9. 用竹签刮出污物，并用水冲洗干净。

10. 擦干内侧的水。

11. 将鱼头一侧朝右，鱼腹朝自己摆放。鱼头一侧略向上侧倾斜，朝鱼尾划一道口。

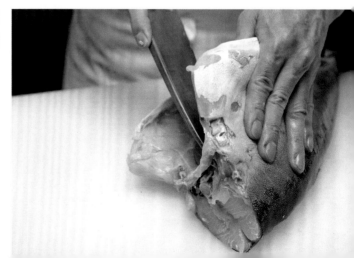

12. 将刀放平，沿着中骨用刀尖抵着脊柱切开至鱼尾。

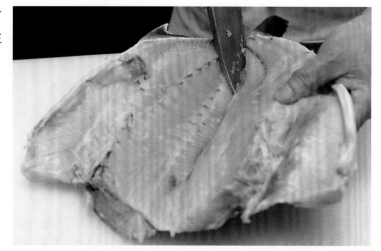

13. 由尾至头，在鱼鳍的上侧划一道口。

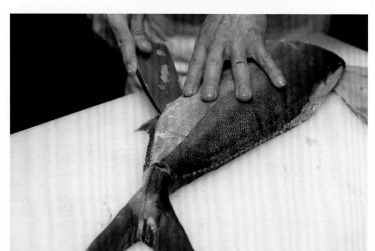

14. 将刀放平，沿着中骨用刀尖抵着脊柱由头至尾切开。

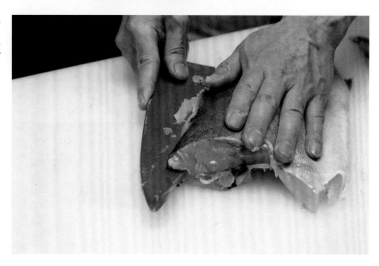

15. 使用刀背撬起鱼尾处的鱼肉。

16. 左手持被撬起了的鱼肉，右手沿脊柱运刀。

17. 当刀切到肋骨的位置时，略立起刀，一次性切下一侧的鱼肉。

18. 将鱼翻面，按照同样的方法切下另一侧鱼肉，完成鰤鱼片三部分的工序。

三、加工成形（切片）

鰤鱼切刺身薄片的方法与鲷鱼相同。

任务 3 ●●●●● 三文鱼

一、原料鉴别与选用

三文鱼是一个统称，是英语"salmon"的音译，是指鲑科鱼。三文鱼体侧扁，背部隆起，齿尖锐，鳞片细小，呈银灰色。三文鱼肉质紧密鲜美，具有弹性，肉色为粉红色。

二、初加工

将三文鱼片成上侧、下侧和中骨三部分。

1. 仔细刮除鱼鳞。

2. 在胸鳍的内侧入刀，将鱼头切下。

3. 从鱼头一侧切开鱼腹。

4. 掏出内脏、血合后，用水将鱼肚冲洗干净。

5. 将鱼头一侧朝右，鱼腹面向自己，沿着脊柱上侧和中骨一次性切开至鱼尾，片下鱼肉。

6. 另一侧的鱼肉也用同样的方法片下。

7. 片除肋骨，将腹鳍切掉，修整好形状。

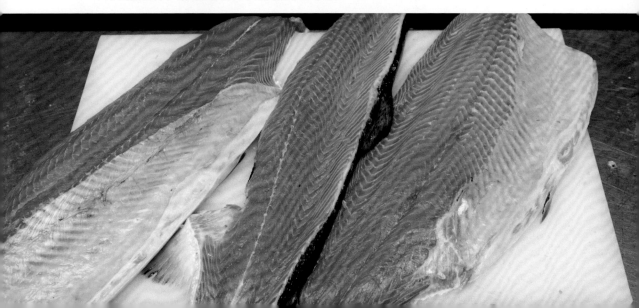

8. 用鱼骨夹拔除鱼肉中的细刺。

三、加工成形（切片）

在初加工将鱼切成三片后，取两片鱼肉去除鱼皮并切薄片。

1. 从距离鱼尾约 1 cm 处入刀，将鱼肉和鱼皮中间切开。

2. 左手抓住鱼尾的皮往左拉，刀前后移动，切掉鱼皮。

3. 根据三文鱼的不同部位选择不同的刀法：背部肉质略微紧实，要垂直地切下；腹部肉质柔软，要倾斜地切下。在切的过程中应注意一定要一刀切下。

4. 三文鱼刺身鱼片的厚度约为 5 mm。这个厚度吃时既不感觉油腻，又能感受到肉质的充盈。

任务 4 ····· 金枪鱼

一、原料鉴别与选用

金枪鱼又称为鲔鱼，有 8 个品种，其中多数品种体型巨大，大的品种重量可达几百公斤，而小的品种只有几公斤。因为金枪鱼的肌肉中含有大量的肌红蛋白，所以金枪鱼的肉色为红色。

二、初加工

1. 将鱼肉与血合部分切割分离。

2. 在鱼肉和肋骨的连接处切一道口，片下肋骨及肋骨的内膜。

3. 在鱼皮与鱼肉之间开 2 cm 的切口。

4. 切下 2 cm 厚的金枪鱼块。

三、加工成形

1. 切片

可以将 2 cm 厚的金枪鱼块切成片。

（1）金枪鱼肉质柔软，切的时候动作要快。

（2）切下来的鱼肉会黏在刀背上。此时先将刀微微向左倾斜后再往右拉，就可以将鱼肉整齐地排列在右边。

2. 切块

可以将 2 cm 厚的金枪鱼块切成小块。

（1）鱼肉切成棒状，切时要大幅度移动刀。

（2）将鱼肉切成方形。

任务5 ····· 比目鱼

一、原料鉴别与选用

比目鱼又称为鲽鱼，其体形侧扁，呈长椭圆形、卵圆形或长舌形，最大体长可达5 m。成鱼身体左右不对称，两眼均位于头的左侧或右侧。比目鱼鱼身又薄又平，身体较宽。

二、初加工

要切成上侧两片、下侧两片与中骨，总共五片。

1. 淋湿鱼皮，从鱼鳞和鱼身之间入刀，沿着身体刮除整条鱼的鱼鳞。

2. 清除所有黑色
的鱼鳞。翻面后重复
相同动作，直到看见
白色部分。

3. 沿着鱼肚用刀
划出 V 字。

4. 直刀切除鱼头。

5. 去除内脏和鱼卵，将血合洗净，用布擦干水分。

6. 从两边背鳍的根部和鱼身中间入刀，一刀切到中骨。

7. 从中间的缺口沿着中骨往外切。

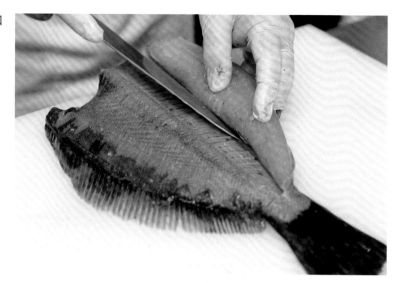

8. 沿着背鳍切下鱼肉。另一面重复相同动作，让骨与肉分离。这些步骤要在鱼肉的冷却温度没有回升前尽快完成。

9. 将鱼翻面，重复相同动作，自两边背鳍的根部和鱼身中间入刀。

10. 刀斜放，从中间的缺口处沿着鱼骨往外切。

11. 取出腹部鱼骨和中间的血合骨，用手触摸确认没有鱼骨残留。

三、加工成形（切片）

将初加工的鱼肉去皮、切片。

1. 从鱼尾入刀。

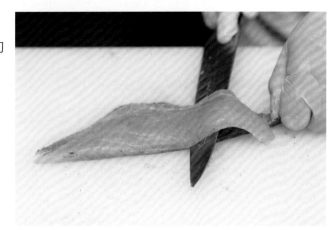

2. 一边用左手上下晃动拉开鱼皮，一边用刀具上下滑动，沿着鱼皮切过去。

3. 用手指将残余的鱼鳍骨和鱼肉分离。

4. 从鱼尾端开始切成宽约2 cm 的片。若要切5 mm 的薄片，则鱼皮面朝下，刀身平摆后入刀。在快要切到尾端时，将刀稍微立起再切。

任务 6 ••••• 沙丁鱼

一、原料鉴别与选用

　　沙丁鱼为细长的银色小鱼，头部无鳞，体长 15～30 cm。新鲜沙丁鱼的鱼身表面明亮，泛着银光，整体颜色新鲜亮白。

二、初加工

　　沙丁鱼的初加工方法有两种，一种是使用刀具的"大名切"，另一种是不使用刀具的"手开法"。

1. 大名切

（1）从腹鳍后面入刀，切掉鱼头。

（2）切开鱼腹，取出内脏，切掉血合，用清水洗净。

（3）沿着中骨轻轻移动刀，使鱼骨与一面的鱼肉分离。

（4）另一面重复相同动作，自边缘入刀，让鱼肉和中骨分离。

（5）去除鱼身下腹部鱼骨。用手触摸鱼肉，确认鱼身下腹部鱼骨去除干净。

（6）用鱼骨夹取出鱼身其他部位的鱼骨。

2. 手开法

（1）用手去除鱼头和内脏后，再用指甲沿中骨分开鱼身。

（2）用手指勾住中骨将其拉出，再用鱼骨夹去掉鱼肉中的细骨。

（3）将鱼肉和鱼骨分开，分成两部分。

（4）鱼肉对半切，用鱼骨夹取出长的鱼骨，切掉背鳍。

三、加工成形（切片）

1. 从鱼尾端入刀，沿着鱼肉和鱼皮的中间切过去。

2. 刀刃朝上，立起刀。用左手按住鱼皮，用刀背向右刮，让鱼肉、鱼皮分离。注意：鱼皮很薄，所以要用刀背刮。

3. 刀斜放，划格子纹。这样不仅食用方便，也更加美观。

4. 从正上方滑切，切成宽约 2 cm 的片。

任务 7 ●●●●● 乌贼

一、原料鉴别与选用

乌贼约有 350 种，有针乌贼、金乌贼、枪乌贼（鱿鱼）等。乌贼的身体像个橡皮袋子，内部器官包裹在袋内。

二、初加工

1. 用手伸进乌贼体内，用大拇指和食指分开连接身体和内脏的筋膜。

2. 握住乌贼的头向外拉，连同内脏一起拉出，将身体和头分开。

3. 取出乌贼身体内的软骨。

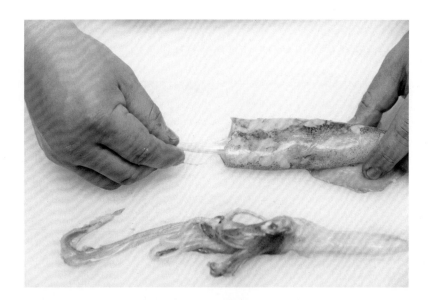

4. 剥下乌贼的外皮。

5. 沿着乌贼的腹部切开乌贼。

6. 剥去乌贼腹腔内的薄皮。

7. 用水轻轻冲洗乌贼的身体后擦干水分，切开连接软骨的部分。

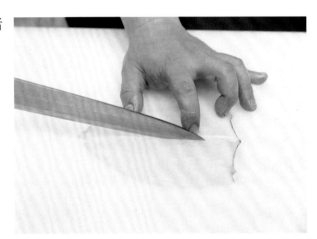

8. 用刀切除多余的部分。如有较硬的部分，也要去除。

三、加工成形

1. 切细条

（1）自乌贼身体的尾端往上切，切宽约 5 cm 的块。

（2）刀竖起，自刀尖下刀，拉向自己的方向，每条宽 2 mm。乌贼的肉质较硬，切 2 mm 粗细的细条会比较容易食用。

2. 切薄片

（1）因为乌贼肉质很硬，为了食用方便，要斜着在乌贼身体上划刀。

（2）将乌贼鱼身体旋转 180°，再斜着划刀，形成交叉格子纹。

（3）将乌贼身体切片，宽为 4～5 cm。

任务 8 ••••• 伊势龙虾

一、原料鉴别与选用

伊势龙虾体形壮，肉质鲜美多汁，体长 25 cm 左右，身披"金属感"十足的暗红色铠甲。一般选用鲜活、虾尾向里面收缩得较紧、虾壳颜色鲜艳的伊势龙虾。

二、初加工

1. 用刀具将虾头和身体分开。

2. 剪开虾腹两侧的虾壳。

3. 待虾腹两侧的虾壳剪开豁口后，一边用汤匙按住虾肉，一边剥去虾腹上的壳。

4. 将汤匙插入虾肉和虾背之间，刮出虾肉，取出虾肠。

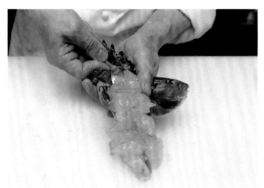 

三、加工成形

1. 从虾背中间纵向下刀，向两侧分离出虾肉，使虾肉和虾腹薄皮分开。

2. 在关节处下刀，切成易于食用的大小。

3. 用冷水使虾肉收缩，然后放在竹盘中沥干水分。

4. 用汤匙从头部挖出虾黄待用。

任务 9 ••••• 甜虾

一、原料鉴别与选用

甜虾因其质软、味甜而得名，主要产于日本海附近，又被称为"北国红虾"。甜虾的新鲜度可由尾巴的颜色和肉质的弹性分辨出来。甜虾刺身是不可错过的北海道美食。新鲜的甜虾刺身有甜味。

二、加工成形

1. 切掉虾头。

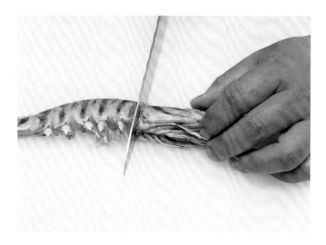

2. 剥去虾壳。

3. 用刀在虾背上划出刀口。

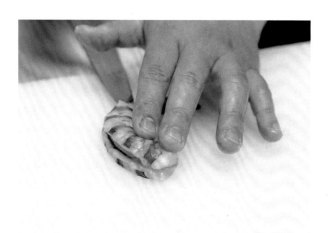

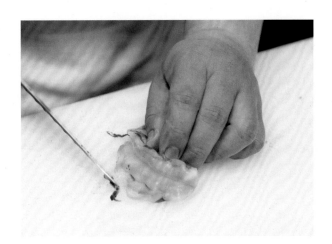

4. 取出虾肠。

5. 在沸腾的热水中加入少量盐后展开虾尾，将虾浸入热水中，待其变色后取出。

6. 热水浸过的鲜虾冰镇后，摆放在浅盘中作为刺身食用。

任务 10 ●●●●● 扇贝

一、原料鉴别与选用

　　扇贝是扇贝科的双壳类软体动物的总称，约有 400 种，其壳、肉、珍珠层都具有极高的利用价值。扇贝广泛分布于世界各海域，以热带海洋中的种类最为丰富。很多扇贝可以作为美食食用。应选择外壳颜色比较一致，且有光泽、大小均匀的扇贝食用。太小的扇贝因肉少而食用价值不高。活扇贝张开后受外力影响会闭合，而张开后不能合上的为死扇贝，不能食用。

二、加工成形

　　做扇贝刺身时，注意贝柱的纤维不要横向切，纵向切的贝柱口感更鲜美。

　　1. 左手水平托起扇贝。

　　2. 将贝壳刀插入贝壳，切断上部筋膜。

3. 用贝壳刀切断下部筋膜。

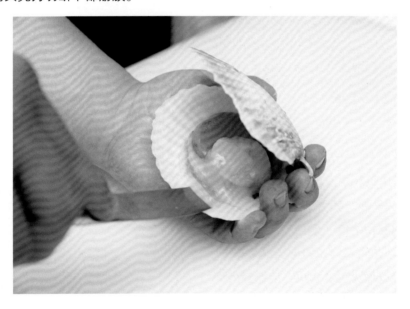

4. 取出贝肉。

5. 将手指插到贝柱和贝肠之间，取出贝肝。

6. 分别剥下贝柱、贝肠。

7. 切开贝肠。将贝肝、贝肠用盐揉搓，去除油腻。

8. 剥下贝柱上残留的薄膜，用水冲洗干净。

9. 在沸腾的热水中加入少量盐，将贝柱、贝肠、贝肝放在里面烫一下。

10. 将贝柱、贝肠和贝肝浸入凉水中冷却。

11. 用厨纸擦干冷却后的贝柱、贝肠和贝肝，并摆放在浅盘中作为刺身食用。

任务 11 ····· 牡蛎

一、原料鉴别与选用

可食用的牡蛎有长牡蛎和花缘牡蛎。长牡蛎大多是人工养殖的，最好的食用季节是冬季。花缘牡蛎则是夏季上市，大多为天然长成的。牡蛎以壳色泽黑白明显者为佳。去壳之后的肉完整丰满，边缘乌黑，光泽且有弹性。如果牡蛎韧带处泛黄或者发白，则不新鲜。牡蛎用作刺身和寿司配料时，应选择新鲜的加以低温调理。这样可以保持牡蛎肉中的水分，食用起来非常可口。

二、加工成形

1. 牡蛎壳一面是鼓的，一面是平的。为保护手，拿的时候一定要用抹布或戴上纱线手套，鼓的一面朝下，平的一面朝上。

2. 按图示的位置插入牡蛎刀。这个位置的旁边就是贝柱。

3. 撬开牡蛎壳，待其稍微张开时，在贝柱下方切开。

4. 剥取贝柱后打开牡蛎壳。

5. 接着剥取未取净的牡蛎肉。

6. 用萝卜泥搓洗牡蛎肉。

7.用水冲干净牡蛎肉。

三、低温调理

1.将用萝卜泥搓洗净的牡蛎肉放入含有 3%（质量分数）海藻糖的热水中。

2.将水温保持在 60 ℃左右，加热牡蛎肉 30 min。

3.取出牡蛎肉放入凉水中冷却，最后取出沥干水分。

任务 12 ···· 北极贝

一、原料鉴别与选用

北极贝是源自北大西洋冰冷、无污染深海的纯天然产品，具有色泽明亮（红、橘、白）、味道鲜美、肉质爽脆等特点，是海鲜中的极品。北极贝宽度最长可达 10 cm，肉质肥厚，可生食，也可煮过后再食用。煮过后，贝舌变成鲜红色或紫红色，非常漂亮。

市面上出售的北极贝的贝肉大多是在捕捞后即刻在捕捞船上完成加工、烫熟并急冻的，因此只需自然解冻即可食用，既安全、卫生，又方便。

二、加工成形

1. 左手拿起北极贝，右手沿着贝壳插入贝壳刀。

2. 打开贝壳，将贝壳刀插入贝肉下方，一边沿着贝壳横向滑动贝壳刀，一边剥下贝肉和外套膜。

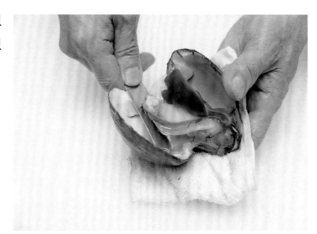

3. 手指插入贝肉和外套膜之间将其分离。

4. 在沸水中加入少量盐，先将贝肉中带颜色的部分放入热水中烫 3 s，再将整个贝肉放入热水中烫 3 s。

5. 将贝肉取出放入凉水中冷却。

6. 切下贝肉上不可食用的部
分。

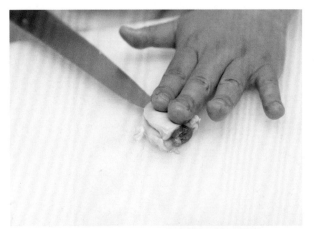

7. 将贝肉切开，一分为二。

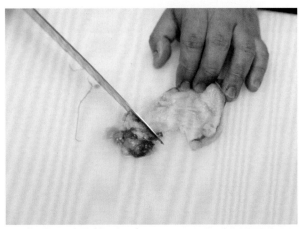

8. 刮去贝肠。

9. 用水洗净后放入质量分数为1.5% 的盐水中浸泡 5 min。

10. 摆放在浅盘上作为刺身食用。

项目 3

寿司制作

任务 1 •••• 基本准备和技法

一、调和醋

寿司的味道 50% 以上取决于醋饭。

江户前寿司最初使用的是糟醋（红醋），以酒糟为原料酿制而成，具有独特的香味和口感。现在多使用的是米醋，或将米醋和糟醋混合在一起使用。关西的箱寿司和卷寿司多使用米醋。

在寿司的醋饭中，使用醋、盐调和出的味道最为重要，因为醋和盐的融合能获得较佳的口感。

在醋和盐的基础上可以加入砂糖，因为砂糖具有保水和令醋饭晾凉后不变硬的功效。同时，砂糖也具有增加甜味的作用，但随着时间的流逝，这个作用会逐渐降低。因此，在重视甜味的关西寿司中，煮米饭的时候就要放入用海带煮出来的汤汁，以补充甜味。另外，在调和醋中加入比砂糖纯度更高的海藻糖，也可以抑制醋饭放久后味道的变化。

醋饭原料的参考比例为：米 1.35 kg，醋 180 ~ 230 mL，砂糖 40 ~ 130 g，盐 40 ~ 50 g。

二、醋饭拌法

拌醋饭就是将煮好的米饭一边使用木勺弄散，一边拌入调和醋。使米饭和调和醋

很好地融合在一起，理想的时间为 1 ~ 2 h。为了防止出现没有与调和醋融合的饭团，一定要仔细地拌制。若在煮米饭时出现了锅巴，注意勿将锅巴拌入。

1. 大米洗净、浸泡后煮成米饭。可加入酶制剂煮饭。

酶制剂

　　酶制剂是指从生物中提取的具有酶特性的一类物质，主要作用是催化食品加工过程中的各种化学反应，改进食品加工方法。

　　煮米饭时，酶制剂可以和大米中的酶一起促进大米中的淀粉和蛋白质的分解，激发出大米的甜味，并使其更加饱满可口。与不使用酶制剂煮饭相比，使用酶制剂煮饭的时间要延长 5 min。

2. 先把木盆与勺子弄湿，再将表面的水分擦干。

3. 将米饭盛入木盆中，呈山形。

4.用勺子将调和醋均匀地撒到米饭中。

5.将山形的米饭弄散，向靠近自己的方向拌。

6. 由于调和醋会流到下方，因此还要由下向上将米饭朝远离自己的方向拌。

7. 略微立起勺子，纵向将小块的饭团弄散。若横向使用勺子，米饭会变得有黏性，不利于制作寿司。

8. 醋饭拌好后，还要上下翻动，散发多余的热量。

9.将醋饭盛到其他容器中备用。

三、海藻糖使用

若要保持醋饭的色泽，应在醋中加入砂糖。若要抑制醋饭味道的变化，可以将砂糖的分量减少 10%，换成相同甜度的海藻糖（分量为所减少砂糖的 2.2 倍），混合后再加入一些盐，待盐溶解后倒入容器，味道稳定后即成调和醋。将调和醋倒入刚刚出锅的米饭中，砂糖和海藻糖开始起变化，转化成葡萄糖和果糖，几小时后米饭的味道会发生变化，其后米饭的颜色和光泽也会发生变化。

四、海苔使用

海苔是制作寿司不可缺少的重要原料。醋饭和配料皆佳，但如果海苔不好，也会严重影响寿司的口感。

海苔一年收获三次，其中 11—12 月收获的"新海苔"在味道、香气和口感上更适合做大多数寿司。另两次分别是 3 月和 4 月，这个时间收获的海苔比较硬，适合用于拉面和回转寿司。

海苔非常不耐潮，如果暂时不使用，应放在密封性强的容器中。

五、竹叶切制作

竹叶（或一叶兰）经常铺在寿司下面作为隔离，但它的作用不限于此。易于枯萎的竹叶一直是判断寿司新鲜度的标志。也就是说，在竹叶枯萎之前食用寿司，才能品尝到寿司的美味。另外，竹叶特殊的香味还与寿司相得益彰。

竹叶切（或一叶兰切）有剑竹形、关卡形、装饰形等种类。叶子宽大的一叶兰适合做铺叶。用刀切成的竹叶切（或一叶兰切），正是见证寿司师傅水平的地方。切割竹叶（或一叶兰），最好使用聚乙烯制或合成橡胶制的砧板。刀具用小出刃刀或斜刃刀。

竹叶切最基本的形状是剑竹形，顶端像剑尖。如下图所示，以只有一个尖端的形状为基础，两个尖端的叫"双子持剑"，三个尖端的叫"三子持剑"。

六、寿司原料

寿司在原料的选择上范围很广。寿司米的特点是色泽白、颗粒圆润，用它煮出的饭不仅弹性好、有嚼头，且具有较大的黏性。

卷寿司外皮所用的原料，以优质的海苔、紫菜、海带、蛋皮、豆腐皮、春卷皮、大白菜等为常见。

寿司的馅料丰富多彩，且最能体现寿司的特色。馅料所用的原料有海鱼、蟹肉、贝类、淡水鱼、煎蛋、时令鲜蔬（如香菇、黄瓜、生菜）等。

七、寿司调料

正宗的寿司可以有酸、甜、苦、辣、咸等多种风味。因此，吃寿司时，应根据寿司的种类来搭配调料。例如，吃卷寿司时，因馅料中有生鱼片、鲜虾等，就需要蘸浓口酱油并涂抹适量的绿芥末；而吃手握寿司时则最好不要蘸酱油，这样才能吃出它的原味。

八、寿司食用方法

除了浓口酱油和绿芥末以外，寿司还有更重要的配料——醋姜。吃寿司时佐一片醋姜，不仅有助于调味，而且能使寿司变得更加清新味美。

吃寿司讲究的是食用的完整性，就是整块寿司要一口吃下。唯有如此，才能真正地品尝出寿司的美味，寿司的饭香与生鱼片的香味才能完全相融，将齿颊间填得满满，不留一丝缝隙，那浓香的滋味无处可逃，在口中久久徘徊。

任务 2 •••• 握寿司制作

一、制作要点

制作握寿司需要醋饭、手醋（醋与水按照 1 ∶ 1 的比例混合而成）、山葵粉、寿司配料、湿润的抹布等。手醋具有令醋饭不粘手、杀菌、除臭的效果。可将抹布（漂白布）裁剪成适当大小，用以清洁双手、案板、刀具。要注意经常清洗抹布、擦拭案板、保持卫生。经常使用抹布，能够防止案板和手过于干燥。为避免危险，刀具应放在远离案板的地方，刀刃必须朝外。

制作握寿司时，要把握好节奏，动作快才能制作出好的寿司外形。按压步骤是非常重要的，最好使寿司表面紧致、放入口中却能立即散开。另外，并非将配料使劲压在醋饭上，而是利用左手腕力做翻转。翻转有指尖翻转和纵向翻转两种方法。纵向翻转对于章鱼、鸡蛋等是一种不易偏离位置的制作方法。

二、制作步骤

1. 右手指尖蘸少量手醋。

2. 将手醋涂抹在左手手掌上。

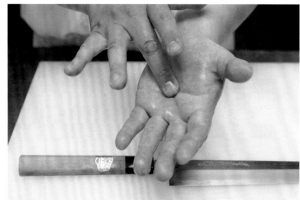

3. 两手相对，在手掌和指尖内侧涂满手醋，以防止醋饭粘手。

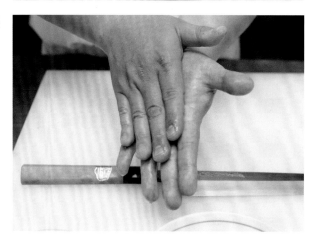

4. 翻动容器中的醋饭备用。挖取醋饭时，用除右手拇指以外的四根手指松松地挖起适量的醋饭，用拇指刮掉多余的部分，边调整边握成椭圆形。

5. 左手手指取配料时，尽量不要让配料碰到手的其他部位。此时，右手正在调整醋饭的量。

6. 将配料放在手指第二个到第三个关节之间（如果配料的形状稍宽，偏向手掌一

侧或偏向指尖一侧均可）。此时，右手已经将醋饭握成椭圆形，放下醋饭后准备取山葵粉。

7. 用右手中指或食指来取山葵粉。

8. 将山葵粉抹在配料的中央。要保证寿司制成后，山葵粉包在里面不会露出来。

9. 将椭圆形的醋饭摆到配料的上面。

10. 用左手拇指按住醋饭的中央，使配料与醋饭粘在一起。

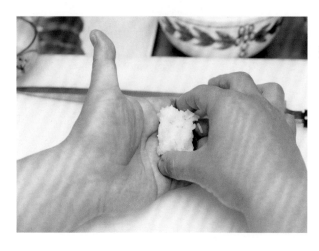

11. 用右手的食指与拇指指尖调整醋饭前后的形状。

12. 用右手食指按压醋饭的底面，用左手拇指的指尖按压醋饭的顶部，左手其余四根手指和手掌轻轻地夹住侧面。至此，完成寿司底面的制作。

13. 一边展开左手，一边将寿司向指尖的方向翻转。

14. 一边用右手的拇指与中指按压翻转过来的寿司，一边将其拿回原来的位置（第二、第三个关节之间）。

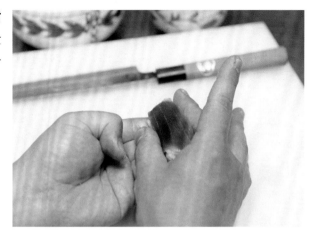

15. 右手食指按在配料的上部，左手的指根处抵住，使其受力，同时以四根手指按

压侧面。此时，左手小指要轻轻地弯曲，捏出船底的形状。

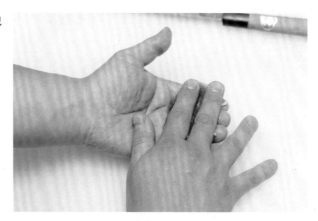

16. 将右手食指放在寿司的上方、拇指放在下方，沿顺时针方向旋转寿司，然后交换食指与拇指，将其转回到原来的位置。

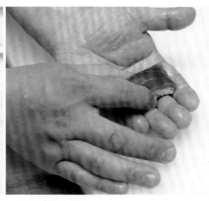

17. 用右手食指按在配料的上部，用左手的拇指和食指的指根处抵住，使其受力，同时以四根手指按压侧面。此时，左手小指要轻轻地弯曲，再次捏出船底的形状。至此，完成寿司的标准形态。注意：饭团较大的时候，可以用食指和中指两根手指按压配料。

任务 3 ●●●●● 卷寿司制作

　　卷寿司起源于江户时代中期以前，比握寿司的历史要悠久，原则上不使用肉类，属于精进料理。寿司心主要使用葫芦干、高野豆腐，用一片或一片半海苔将煮过的香菇、煎鸡蛋、绿色蔬菜等和醋饭一起卷成粗寿司卷，然后切成一个个薄寿司以方便食用。

　　日本关西地区以南，卷寿司一般指"粗卷"。用加入肉泥的厚烧玉子烧卷成的卷寿司叫作"伊达卷"。在节分①当日朝着当年的惠方（吉祥方位）制成的整个卷寿司叫作"惠方卷"。横向使用海苔的卷寿司叫作"中卷"。海苔在里、醋饭在外的叫作"里卷寿司"。将半片海苔放在手掌上，然后铺上醋饭、放上寿司心，用手将其卷起来，这种寿司叫作"手卷寿司"。

---

　　① 节分是指立春、立夏、立秋、立冬的前一天，但主要是指立春的前一天。

卷寿司时，要把寿司心卷平整。为避免弄破海苔或将醋饭粘到海苔表面，应该迅速铺上醋饭并卷起来。同时，卷帘的松紧也会影响寿司的外形和口感。

切寿司卷时，要使用刀的后刃到中刃的部分，争取一气呵成，要切断下面的海苔，形成平整的断面。切之前最好用湿抹布擦拭整个刀面。如果在切的过程中出现醋饭粘刀刃的状况，应及时用湿抹布擦拭后再继续切。

另外，贝类原料在海苔中很容易移动位置，必须将其置于醋饭的中间。

一、干瓢卷

1. 将海苔长的一边对折，将折痕按压平整，撕成或切成两片，对齐。

2. 将海苔边切去 1.5 cm，切下部分可用作玉子烧的带子。

3. 手掌蘸上手醋。

4. 将卷帘挂线的一面朝下，平整的一面朝上。

5. 将海苔光滑的一面朝下，放在卷帘中间靠近身边的地方。用右手取一条干瓢卷所需分量的醋饭（约 80 g），握成一团。

6. 海苔上面留出宽 1 cm 左右的空距，将醋饭从左向右放在海苔上，呈细长形。然后一边用右手的食指、中指和拇指整形，一边用左手手指将醋饭铺开。

7. 用右手手指挡在醋饭边缘，防止醋饭超出海苔，同时用左手手指将醋饭推向海苔边缘。

8. 左侧用以上类似的方法将醋饭推向海苔边缘。

9. 将两手的手指放在醋饭中间，将醋饭均匀地推向身边。

10. 海苔上边留出宽 1 cm 左右的空距，下边只需稍微留一点点空距。中间放配料的地方稍微凹下去一些。这样就能做出形态理想、均匀的干瓢卷。

11. 在凹下去的地方放三四根葫芦条。

12. 一边用左手手指的指尖轻轻按住卷帘一端以防其滑动，一边用右手手指的指尖

抬起卷帘靠近身旁的一端。

13. 为避免配料移动，一边用两个食指按住葫芦条，一边用两个拇指将卷帘和海苔同时卷起。

14. 卷到醋饭上面时，一边用指尖轻压防止醋饭挤出，一边迅速将卷帘卷紧。

15. 一边用左手拇指按住卷帘以防寿司移位，一边用右手手指松开卷帘。

16. 卷帘松开后，按下图折叠卷帘盖在寿司上。为避免寿司中心移动，应用左手拇指按住。

17. 用两手食指按住寿司正上方的卷帘部分，用拇指按住其前面，用其余手指按住其后面，给寿司定形。

18. 松开卷帘，将两端的醋饭按压整齐。

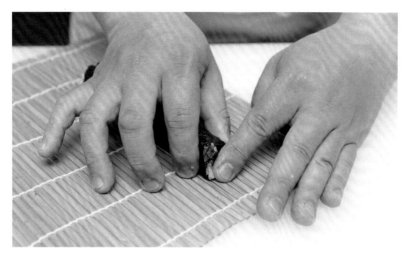

19. 在寿司中间切一刀，接着对齐两段寿司的切口，在其中间再切一刀，切成四等份的干瓢卷装盘。

二、粗卷

制作粗卷前，应算准所需醋饭的分量，既不要多也不要少，这样才能卷出理想的形态。配料可以尽情尝试各种各样的食材，这是制作和食用粗卷寿司特有的乐趣。

1. 卷帘挂线的一面朝下，平整的一面朝上。在卷帘上铺一片海苔。

2. 蘸手醋后，用右手拿取足够做一条粗卷寿司的醋饭，捏成团。

3. 海苔上边留出宽 2 cm 左右的空距，铺上醋饭，铺法与干瓢卷相同。

　　4.调整醋饭，使海苔上边缘与下边缘的醋饭略微铺厚一些，中间放配料处略微铺低一些。

　　5.将配料放好。这里使用的配料是葫芦条、鱼松、鸡蛋（玉子烧）、煮熟的菠菜。

　　6.用卷帘卷起寿司，卷法与干瓢卷相同。

7. 粗卷寿司比较粗，所以要双手手掌、手指并用来对寿司进行按压定形。

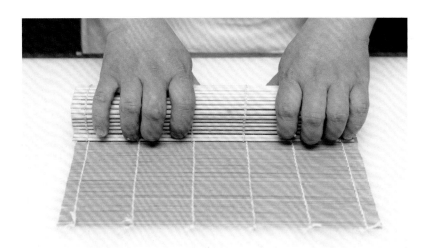

8. 定形后，将粗卷寿司的端头与卷帘的端头对齐，用手指将醋饭按压整齐。

9. 将粗卷寿司切成八等份。

三、伊达卷

制作伊达卷时，卷帘直接卷的不是海苔，而是掺有肉泥的厚烧玉子烧。成品伊达卷以玉子烧表面呈现规整的卷帘痕迹为佳。

1. 将卷帘铺在砧板上，然后将玉子烧正面朝下放在卷帘上，并铺上适量的醋饭。

2. 将醋饭均匀地铺开，只在玉子烧的上下两边稍微留一些空距。醋饭两边要比中间略高。

3. 在醋饭中间放入海苔，并在上面覆盖一层薄薄的醋饭。

4. 在薄薄的醋饭上均匀铺放葫芦条切成的丁和鱼松。

5. 抬起卷帘，一边用手按住醋饭中间的配料，一边将整个寿司卷起来。

6. 将下边的醋饭卷向上边，使上下边缘对齐，用卷帘压紧，手掌呈圆筒状握住寿司，使醋饭与玉子烧紧密结合。

7. 将两端的醋饭按压整齐。

8. 将卷帘裹在抹布中，用力压紧，给寿司定形（锯齿车轮形）。

9. 将寿司切成十二等份，分别装盘。

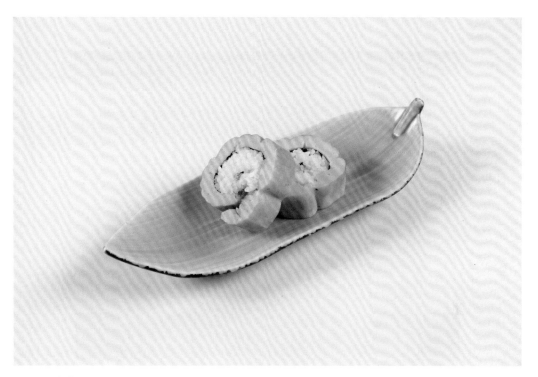

四、里卷

里卷是在卷寿司的中心处放置海苔，所以配料很容易滑落，需要使用拧干的湿抹布和保鲜膜。

1. 取半片海苔，将醋饭铺在海苔上，不留空距。

2. 将保鲜膜铺在卷帘上，把上一步骤中的海苔和醋饭一起移到保鲜膜上，醋饭面

朝下。

3. 在海苔上涂抹山葵粉。

4. 摆上黄瓜、青紫苏叶、白芝麻、飞鱼子等配料。

5. 用卷帘和保鲜膜卷起寿司。一边用双手手指的指尖按住配料，一边用拇指拿起卷帘和保鲜膜，向配料的另一侧卷起醋饭和海苔，把前边的边缘卷在里面，呈蜗牛状。

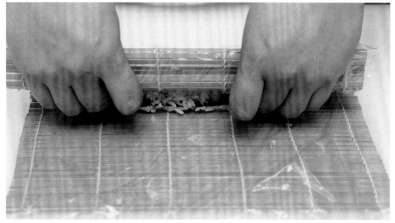

6.卷紧卷帘，压出形状。

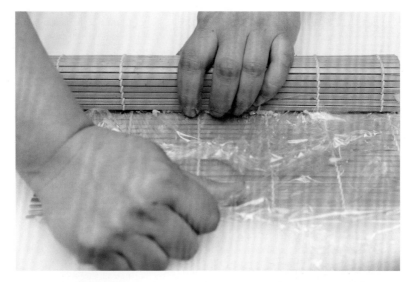

7.松开卷帘。

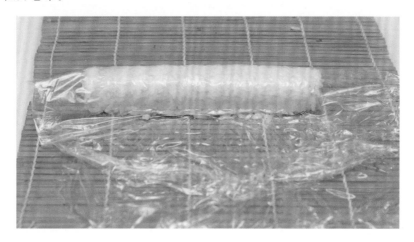

8. 用飞鱼子、白芝麻和青紫苏叶等装饰寿司的表面。

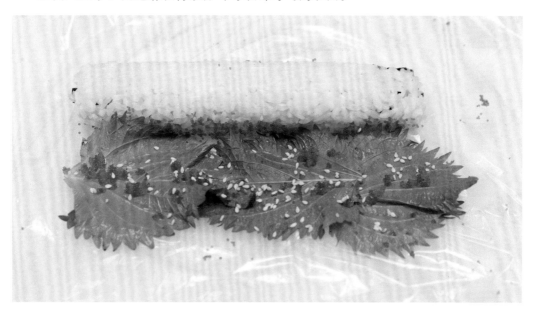

9. 用保鲜膜包住寿司，再次用卷帘固定形状。

10. 不用取下保鲜膜，直接将寿司切成两等份。然后对齐两段寿司的切口，再切成三等份后，取下保鲜膜装盘。注意：里卷的两端具有装饰作用，保持原状即可。

任务 4 ····· 押寿司制作

一、制作要点

押寿司是用一定形状的模具压制而成的寿司。押寿司因其形状像箱子，又称为箱寿司。先将醋饭放入押箱中，铺上各式配料加盖用力压，然后把寿司抽出切成块状。早期押寿司只属于外卖食品，为延长保存期限，寿司的味道浓郁，又酸又甜的醋饭还要加入海带汁增强味道，铺面的鱼或虾也必须经过腌渍或煮烤处理。

二、制作步骤

1. 将剔除小刺的鲐鱼剥去鱼皮。有鱼皮纹路的一面朝下，左手按住鱼肉，右手使刀刃与砧板平行，以推拉法进刀，将鱼肉片成相同厚度的若干片。

2. 将鱼肉有鱼皮纹路的一面翻到上面，结合押箱大小将其切成四等份。

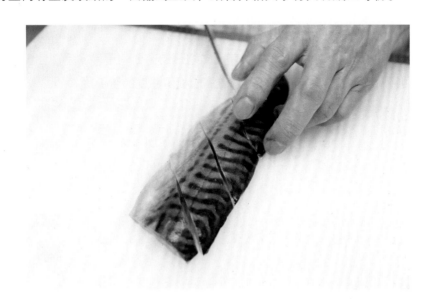

3. 将片好的鱼肉切整齐。两端切下的边角料在给寿司贴鱼肉时，可作为填充空缺之用。

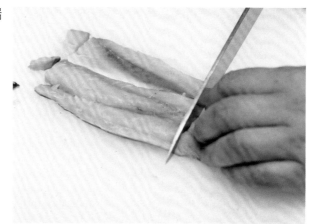

4. 血合部分较多的鱼肉竖切去除血合。时间放久了，血合会发黑，将影响寿司的美观。

5. 用手醋蘸湿押箱的内侧。根据押箱的大小切几片樱花树叶，铺在箱底和箱盖上。

6. 将鱼肉贴在箱底，有鱼皮纹路的一面朝下，空缺的地方用边角料填充。

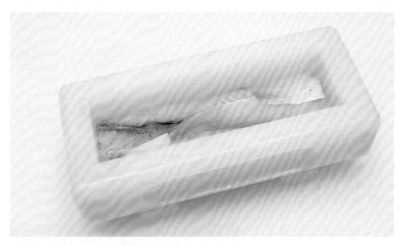

7. 取适量醋饭，用双手先握成椭圆形，一边握紧排出里面的空气，一边根据押箱的大小握成长方形，以便放入押箱。

8. 将醋饭放入押箱中，用双手手指将四角和边缘按压平整。

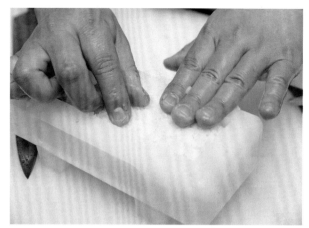

9. 盖上覆有樱花树叶的箱盖。

10. 用双手拇指按压箱盖，使其平稳，略微凸起。

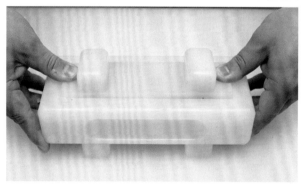

11. 用双手均匀按住箱盖上的箱栓。

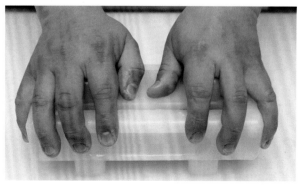

12. 沿顺时针方向将押箱转动半圈后，均匀按压。

13. 多次重复按压、转动、按压，保持力度和节奏不变。

14. 取下箱盖，将寿司翻转过来后放在寿司台上。

15. 切成六等份，取适量寿司装盘。

项目 4

汤菜制作

任务 1 ••••• 主菜制作

一、天妇罗

1. 原料（2 人份）

（1）天妇罗主要原料。

虾	1 只（40 g）
海鳗	1 条（100 g）
香菇、青紫苏叶、蟹味菇、茄子、藕、胡萝卜	适量
食用油、低筋面粉	适量

（2）天妇罗面衣原料。

天妇罗粉	1 杯（100 g）
水	150 mL

（3）天妇罗酱汁原料和增加风味的配料。

浓口酱油	$2\frac{1}{3}$大匙
味淋	2 大匙
柴鱼片	2 g
高汤	3/5 杯（120 mL）
白萝卜泥、生姜泥	适量

2. 制作步骤

（1）制作天妇罗酱汁

1）锅内放入高汤、味淋、浓口酱油后加热。

2）煮沸后，放入柴鱼片（放在材料袋中）。再次沸腾后撇去浮沫，关火降温备用。

（2）去除虾的背壳及虾子。

（3）打开虾头，取下虾头。清洗虾头，沥干水分。

（4）在虾的腹部斜着划几刀，让虾变直。注意：让虾的背部贴在案板上，用两根手指压住比较好划。

（5）剪掉海鳗的鳍，用刀背刮去皮，用水清洗，去除黏液，用布擦干水分，切成四等份。

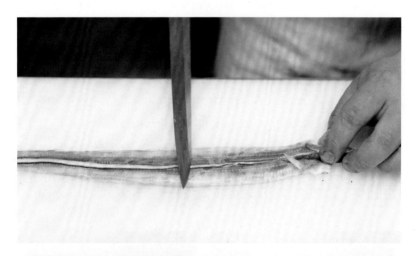

（6）藕和胡萝卜切片，香菇剖花。注意：使用前冷藏，才能突显清脆口感。

（7）茄子切成扇形片。

（8）蟹味菇分成小丛，去根。

（9）天妇罗粉放入盆中，加入水，用打蛋器打匀，制成天妇罗面衣。天妇罗面衣上应有一些气泡。

（10）茄子、胡萝卜、青紫苏叶、香菇、蟹味菇沾上低筋面粉，裹上天妇罗面衣，用 170 ℃油炸，待其面衣变脆即可捞出。

（11）将油温升至 180 ℃，准备炸藕片和海鳗。

（12）藕沾上低筋面粉，裹上天妇罗面衣，入油锅炸 2 ~ 3 min 后捞出。

（13）海鳗沾上低筋面粉、裹上天妇罗面衣后炸至金黄色捞出。注意：利用容器的边缘刮去海鳗上多余的面衣，才能将海鳗炸得酥脆。

（14）用 180 ℃的油炸虾头。虾头不用裹天妇罗面衣，直接炸至其酥脆捞出。

（15）将油温升至 200 ℃后炸虾身。抓住尾巴，给虾身沾上低筋面粉、裹上天妇罗面衣后迅速放入油锅，炸 0.5 ~ 1 min 即可。

（16）装盘，配上白萝卜泥、生姜泥和加热后的天妇罗酱汁。

3. 制作要点

制作时，应依照食材调整油温。

二、鲣鱼塔塔

1. 原料（2人份）

（1）菜品主要原料。

鲣鱼	1 条（300 g）
洋葱	1/4 个（80 g）
蒜	1 瓣（10 g）
生姜	1 块（10 g）
小葱	5 根（20 g）
盐	适量

（2）果醋原料。

浓口酱油	3 大匙
醋橘汁	$1\frac{1}{3}$ 大匙
高汤	1 大匙
柴鱼片	3 g

2. 制作步骤

（1）制作果醋。将果醋原料拌匀后冷藏一晚，再用纱布过滤。注意：纱布要冷藏后再使用。

（2）沿着纤维方向将洋葱切片，蒜、生姜切细末，小葱切细后用水浸泡。

（3）用纱布包住小葱、蒜、生姜揉搓，去除水分。

（4）将鲣鱼放在烤网上。为避免鱼肉在烤时裂开，应将鱼皮朝下。

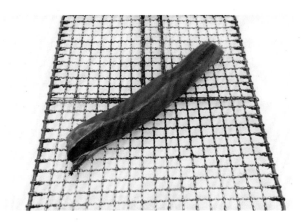

（5）在距离鲣鱼 30 cm 的高处撒盐。注意：用手抓一把盐，让盐从指缝间撒落，边移动位置边撒盐，使其均匀分布。

（6）在距离炉火约 10 cm 的高度用大火烤鲣鱼，烤到鱼皮呈现金黄色即可。注意：鱼尾的皮比鱼头要硬，需烤得久一些。

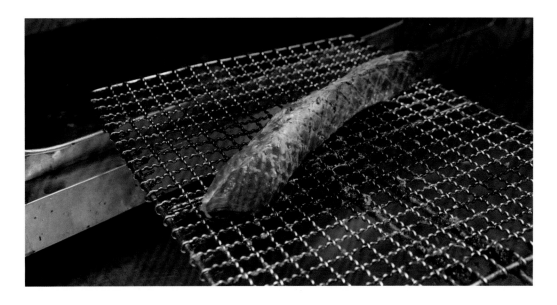

（7）鱼肉一侧烤约 10 s，烤到颜色稍微变白即可。

（8）烤好的鲣鱼放在用凉水浸湿的纱布上，用纱布包起来冷却，去除鱼皮上的盐。

（9）取出鲣鱼，边翻转鲣鱼边淋果醋。用刀子轻拍鱼肉，使果醋入味，冷藏 30 min。

（10）划刀后切片，每片厚 1.5 cm。划刀可使鱼肉更入味。

（11）切好的洋葱堆叠在容器底部，将鱼肉装盘，生姜、蒜、小葱等撒在鱼上。

3. 制作要点

要注意调整食材与炉火的距离。鱼肉淋上果醋需静置 30 min 入味。

三、味噌牡蛎锅

1. 原料（2人份）

牡蛎肉	180 g
金针菇	1/2 盒（50 g）
香菇	2 个（50 g）
胡萝卜	1/6 根（30 g）
牛蒡	1/4 根（40 g）
葱	50 g
白萝卜	1/6 根（150 g）
白菜	2 片（150 g）
茼蒿	1/3 把（60 g）
烤豆腐	1/4 块（80 g）
红味噌	4 大匙
白味噌	$2\frac{2}{3}$ 大匙
砂糖	3 大匙
清酒	$3\frac{1}{3}$ 大匙
海带高汤	$2\frac{1}{2}$ 杯（50 mL）
海带（长 5 cm）	1 片
柚子皮	2 片（2 g）
醋、盐	适量

2. 制作步骤

（1）切除金针菇的根部，用手把茎部稍微松开。注意：不要让茎部完全散开，散开不易从锅中取出。

（2）切除香菇头，用手刮除表面黑色的部分，将香菇切成六边形。

（3）在香菇表面划出图案会更加美观。

（4）将胡萝卜切成厚 1 cm 的圆片，用模具压成花瓣状。注意：用模具压花瓣状时，为了避免手压痛，可以用布垫衬。

（5）将切下来多余的胡萝卜、香菇（包括香菇头）装在材料袋内。

（6）牛蒡切成薄片，先用适量醋水浸泡后，再用清水浸泡。

（7）在葱的表面轻轻划几刀。

（8）用磨泥板磨白萝卜泥。白萝卜泥用来清洗牡蛎肉，不削皮也可以。将一半的白萝卜泥放入碗内，再放入牡蛎肉仔细清洗。注意：如果白萝卜泥变黑，需更换新的白萝卜泥继续清洗。

（9）牡蛎肉清洗后用布擦拭。注意：用布擦拭时，如果太用力，牡蛎肉会被压坏，因此擦拭动作要轻柔。

（10）在沸水中加适量盐，再放入白菜和茼蒿，焯过后放进笸箩中用扇子降温。用盐水焯胡萝卜，使胡萝卜变软。

（11）在寿司卷帘上铺降温后的白菜和茼蒿，接着卷起卷帘去除水分，做成白菜卷。

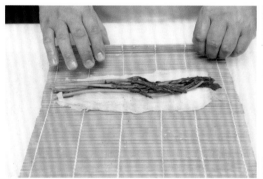 

（12）白菜卷切成
3 cm 的小段，烤豆腐
切成方便食用的大小，
柚子皮切丝，和牡蛎肉、
香菇、胡萝卜等其他已
经预处理好的食材一起
摆放在笸箩中。

（13）制作抹在砂锅锅壁上的味噌时，用打蛋器搅拌红味噌和白味噌。

（14）搅拌后慢慢加入砂糖和清酒。注意：搅拌到提起打蛋器时味噌不会滑落，即可停止放清酒。

（15）将做好的味噌抹在砂锅锅壁上。注意：要像垒堤坝一样，抹上厚厚一层。

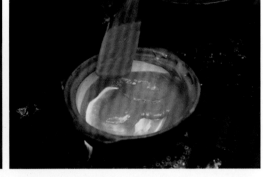

（16）将沥干水分的牛蒡铺在砂锅底部，再放入海带高汤和海带。

（17）用大火煮沸，撇去浮沫。

（18）转小火，加入材料袋和清酒。

（19）放入除牡蛎肉以外的原料，盖上锅盖煮2～3 min。

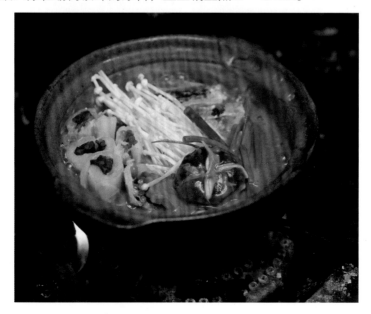

（20）最后放入牡蛎肉，待其膨胀后即制作完成，用柚子皮点缀便可享用。

3. 制作要点

制作时，要调整好味噌的稠度。如果放入味噌中的清酒太多，味噌会变得太稀，很难抹在砂锅锅壁上。

四、酱烧鲷鱼

1. 原料（2 人份）

鲷鱼头	1 个（300 g）
牛蒡	1 根（320 g）
酒	3/4 杯（150 mL）
砂糖	2 大匙
味淋	3 大匙
浓口酱油	2 大匙
大豆酱油	1 小匙
生姜	1 块（10 g）

2. 制作步骤

（1）从鱼嘴的两颗前齿之间下刀，刀尾往下压。

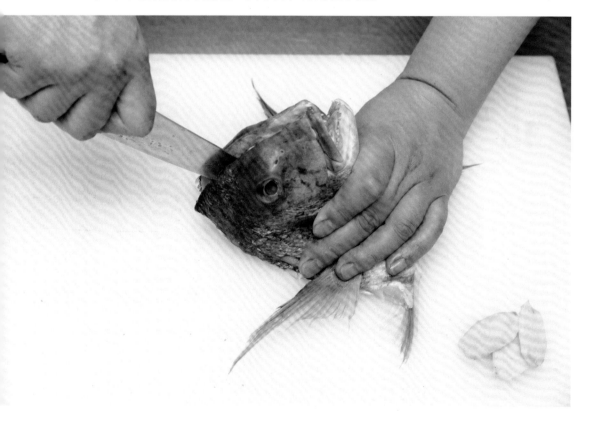

（2）将鲷鱼头对半切开。注意：鱼骨很硬，用普通的厨刀切可能导致厨刀损坏，因此应使用出刃刀切。

（3）切开连接鱼鳃和胸鳍的部分（只要在连接处切两刀即可切除）。

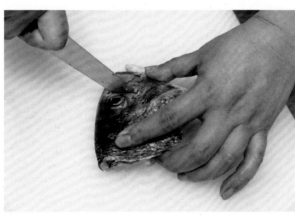

（4）在鱼眼睛上方或下方入刀，切成二等份。如果鲷鱼头比较大，要在嘴巴附近划刀，分成三等份。

（5）按装盘容器的大小修整胸鳍。如果鱼鳍太长很难盛装，应斜着切，修整长度。用刀不好切时，可改用剪刀。

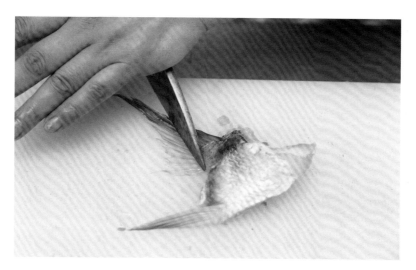

（6）用 80 ℃的热水将鱼头、胸鳍部位焯水。如果使用 100 ℃的热水焯，鱼皮会破损。如果鱼肉粘在一起，要及时分开，让鱼头、胸鳍部位的肉能均匀受热。

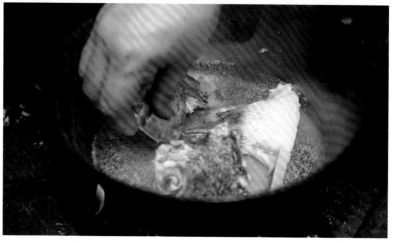

（7）鱼肉变白后放入凉水中。充分冷却后，清除残留的鱼鳞、涩液和血块。

（8）用刷子清洗牛蒡后，将牛蒡对半切开。

（9）同样的位置交叉再切一次，牛蒡被切成了四条。切的时候要让四条牛蒡的粗细都一样。

（10）为了避免鲷鱼粘在锅底，应将牛蒡铺在锅底。

（11）在牛蒡上铺洗好的胸鳍部位和鱼头。注意：摆放鱼头时将鱼皮朝上。如果鱼皮朝下，鱼皮容易粘在锅底。

（12）鱼眼睛的状态可以用来确认熟的程度，所以鱼眼睛要摆在最上方。

（13）在已经放入牛蒡、胸鳍部位和鱼头的锅中加入水和酒，大火煮沸。

（14）煮沸后转中火继续煮。注意：如果温度过高，鱼皮可能会脱落，也不能入味。

（15）放入砂糖、味淋后轻轻晃动锅，再煮 2 ~ 3 min。

（16）依照次序加入浓口酱油、大豆酱油再煮 5 ~ 6 min。注意：要先加入浓口酱油，尝过味道后再酌情加入大豆酱油。

（17）锅倾斜，让全部的鱼肉浸在酱汁里。这样有利于酱汁浓缩，食物会更入味，也更有光泽。

（18）透明的鱼眼睛变成半透明后，盖上锅盖继续炖煮，并撇去浮沫。

（19）磨生姜泥，用纱布过滤，挤出姜汁。

（20）锅中食材加热至完全收汁后加入姜汁。确认食材都沾上姜汁后关火，从锅中取出食材。

（21）牛蒡根据容器切成合适的大小，和鱼头、胸鳍部位一起装盘。

3. 制作要点

（1）锅底要铺上牛蒡。

（2）焯水的温度最好是 80 ℃。焯水后的鱼头和胸鳍部位要放入凉水中充分冷却。如果脂肪还没有凝固就碰触，鱼皮会破裂。如果焯水的温度在 80 ℃以下，会因为温度过低而无法去除腥味。

五、油甘鱼萝卜

油甘鱼是鲕鱼的俗名。

1. 原料（2 人份）

原料	用量
油甘鱼	2 段（300 g）
白萝卜	1 根（400 g）
白萝卜叶	1 根的量（150 g）
八方高汤	1 杯（100 mL）
高汤	1 杯（300 mL）
砂糖	3 大匙
浓口酱油	2 大匙
大豆酱油	1 小匙
酒	4 大匙
生姜	厚片 2 片（5 g）
盐	适量

2. 制作步骤

（1）油甘鱼根据容器切成合适的大小。

（2）鱼块撒盐腌渍后，将浅盘倾斜去除多余的水分。

（3）削皮后的白萝卜切成半月形。

（4）锅中倒入适量水，用小火将白萝卜煮软。注意：沸腾后盖上锅盖再煮一会儿，但不要把食材煮糊。

（5）白萝卜煮软后直接浸在水中。注意：为了去除白萝卜的异味，要用水浸泡30 min。

（6）锅中加入清水，煮沸后再加入适量盐。

（7）煮白萝卜叶时，先放入比较硬的茎，10 s后再全部放入一起煮。

（8）白萝卜叶焯过后从锅里捞起，用凉水冲洗。

（9）白萝卜叶用寿司卷帘去除水分，切成长3～4 cm的小段，用八方高汤浸泡。

（10）将腌渍好的油甘鱼鱼块焯水。从锅盖的上方浇热水，用浇淋焯水法处理。

（11）盖上锅盖，静置 2 ~ 3 min。

（12）把鱼块取出放入凉水中，让鱼肉收缩。

（13）鱼肉冷却后，在凉水中清除鱼鳞和血块。

（14）用鱼骨夹拔除比较大的鱼骨。

（15）在锅里放入高汤、砂糖、浓口酱油、酒、生姜和煮软并冷却的白萝卜。

（16）用大火煮沸，然后转小火再煮约 10 min。

（17）白萝卜入味后，在锅里挪出空间，放入油甘鱼鱼块。

（18）煮沸后撇去浮沫，再转小火煮约 10 min。

（19）油甘鱼鱼块煮熟后，淋上大豆酱油即制作完成。注意：最后加的大豆酱油会让这道料理更加美味。

任务 2 ●●●● 配菜制作

一、筑前煮

1.原料（2人份）

鲜香菇	1 个（8 g）	
藕	2 片（20 g）	
胡萝卜	1/5 根（40 g）	
竹笋	2/3 根（80 g）	
魔芋	1/4 片（50 g）	
四季豆	4～5 根（32 g）	
鸡腿肉	130 g	
高汤	2 杯（400 mL）	
味淋	$3\frac{1}{3}$ 大匙	
砂糖	3 大匙	
浓口酱油	$3\frac{2}{3}$ 大匙	
盐、色拉油	适量	

2. 制作步骤

（1）将鲜香菇切成容易食用的小块。

（2）胡萝卜削皮，滚刀切成方便食用的小块。

（3）竹笋煮好后滚刀切成和胡萝卜差不多大小的块。

（4）藕切小块。

（5）魔芋切块，撒上适量的盐后静置，出水后用沸水烫 3 ～ 4 min，降温备用。也可以用手将魔芋撕成方便食用的大小，这样其粗糙的边缘更易入味。

（6）四季豆去两头和筋，掰成段。用盐水将四季豆焯 1 ～ 2 min，放在笊篱上降温。

（7）去除鸡腿肉中多余的油脂，去筋后切成块。

（8）热锅后让色拉油均匀分布，用中火煎鸡腿肉。注意：不要频繁翻动鸡肉。

（9）等油脂溢出后，用纸巾吸去油，去除带有腥味的鸡油。

（10）等没有油脂溢出时，翻面。

（11）胡萝卜、藕放入锅内轻轻翻炒。注意：从不易炒熟的根茎类蔬菜开始放入。

（12）竹笋、魔芋、鲜香菇放入锅内一起翻炒（如果粘锅，可以加入少许高汤），直到将全部食材炒软。

（13）加入高汤、味淋、砂糖煮 20 min，让汤汁收浓到能看见原料。

（14）倒出汤汁，撇去浮沫。因为汤汁是精华所在，所以把浮沫撇掉后，汤汁要

倒回锅内。

（15）所有食材煮到竹签可以轻松穿过后，均匀淋上浓口酱油。

（16）一边让汤汁均匀分布，一边收汁。

（17）完全收汁至出现光泽后，和焯水的四季豆一起装盘。注意：不仅是四季豆，绿色蔬菜也可以用来装饰料理。

3. 制作要点

（1）将原料煮软后再加浓口酱油。

（2）若原料中以干香菇代替鲜香菇，则干香菇泡软需要半天时间。

二、茶碗蒸

1. 原料（2人份）

高汤	1杯	八方高汤	1杯
味淋	$1\frac{1}{2}$ 小匙	年糕	2片
薄口酱油	$2\frac{1}{2}$ 小匙	去壳银杏	2颗
蛋液	75 g	虾	2只
香菇	1小片	淀粉	1小匙
鸡胸肉	1条	酒、盐	适量

2. 制作步骤

（1）把高汤、味淋、薄口酱油、盐等放入锅内，煮沸后让盐溶解，即成茶碗蒸汤汁。

（2）将茶碗蒸汤汁倒入碗内，隔水冷却。注意：如果汤汁还没冷却就和蛋液混合，蛋液会凝结。

（3）在容器中打蛋，仔细拌匀后过筛。

（4）蛋液中加入茶碗蒸汤汁拌匀，注意不要起泡（使用打蛋器比较不容易起泡）。

（5）将香菇、鸡胸肉切成小丁。

（6）年糕用铁签串起来，直接用火烤到变色（也可以用瓦斯枪烤）。

（7）用八方高汤浸泡香菇、去壳银杏。

（8）鸡胸肉中加入酒、薄口酱油等，用手揉捏。

（9）虾去壳后用水焯过，变色后去尾、去肠泥，放入薄口酱油、味淋、盐、淀粉等慢慢揉匀。

（10）用布擦拭掉银杏、香菇上的八方高汤。

（11）香菇、鸡胸肉、年糕、银杏放入容器中，倒入蛋液至八分满。

（12）裹上保鲜膜。

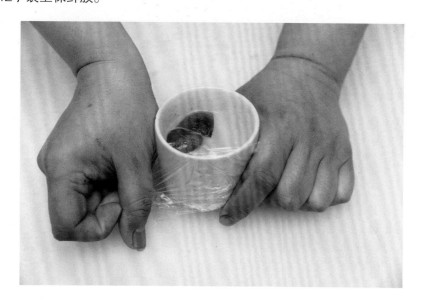

（13）放入蒸笼中，先用中火蒸 2 min，待其表面凝结后转小火再蒸 15 ~ 20 min。

（14）将高汤、薄口酱油、味淋、盐放入锅中，用大火煮沸后转小火拌匀，勾芡，制成淋汁。

（15）蛋液蒸到插入竹签不会流出浑浊的液体，而是流出透明的液体即可。

（16）出锅后淋上淋汁，也可
装饰上松叶状的柚子皮。

3. 制作要点

将茶碗蒸汤汁加入蛋液时，注意汤汁一定要经过冷却，否则蛋液会凝结。

任务 3 ••••• 煲汤

松茸茶壶蒸

1. 原料（2 人份）

松茸	1 个（40 g）
虾	2 只
去壳银杏	4 颗
鸡胸肉	30 g
柠檬角	1 块（10 g）
高汤	1 杯半（300 mL）
盐	1/3 小匙
薄口酱油	1/3 小匙
浓口酱油	1/5 小匙
酒	1/2 小匙
淀粉	适量

2. 制作步骤

（1）松茸削去根部的 1/4。用布从上向下清除表面的杂质。

（2）切开松茸后用手撕成八等份，用手撕比较容易入味。

（3）虾去壳后，先用热水焯。变色后取出，再用凉水冷却后去除泥肠。

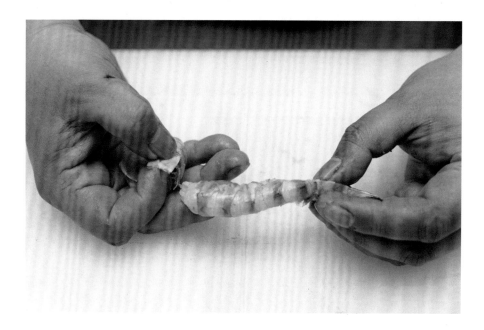

（4）鸡胸肉去筋、去皮，切成块，铺在浅盘中，撒上适量的盐腌渍。

（5）腌渍过的鸡块使用筛网均匀撒上淀粉，并拍落多余的淀粉。

（6）用热水焯鸡块，待其变色后放在笊篱上降温。

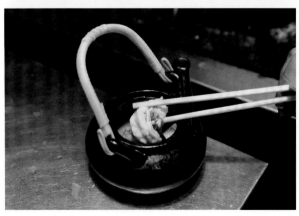

（7）将鸡块、松茸、虾、去壳银杏按顺序放入茶壶中。

（8）将高汤、盐、薄口酱油、
浓口酱油、酒放入锅中煮沸，制成
汤底。

（9）汤底倒入茶壶。将汤底用水滴形的勺子舀入茶壶，这样食材不会塌下来。

（10）将茶壶放进蒸笼或蒸锅
中，用大火蒸 10 min。如果茶壶
盖放不进去可先拿掉。

（11）蒸好后，在盖上放柠檬
角装饰。

3. 制作要点

松茸即使有杂质也不能用水洗，只能用布轻轻擦拭。因为用水洗，松茸的香气就会消失。如果松茸的杂质比较多，可以用刀削除表面。

项目 5

摆盘

任务 1 ····· 刺身摆盘

　　刺身摆盘要遵守原则、用心处理。一眼看去，大家可能觉得刺身摆盘非常困难，其实不需要刻意为之。只要记住最基本的原则，摆盘就可以很漂亮。

　　刺身摆盘最好是摆 3、5、7 等奇数行或列。最基本的摆盘就是摆得像水从山上流下来一样后高前低的山水摆盘。肉质柔软的金枪鱼、鲣鱼等切成厚片摆在后方，比较坚硬的河豚、鲷鱼等白肉鱼和牛肉刺身等切成薄片摆在前方。

　　摆盘料理使用的容器以瓷器、玻璃等感觉比较清凉的容器为宜。如果使用陶器，记得先用水沾湿再使用，以免容器吸收刺身的水分或使刺身粘在容器上。

一、单种刺身的摆盘

　　这种摆盘的重点是前后的高度有些差距，后方摆较厚、较大的食物，前方摆较薄的食物，看起来就会漂亮很多。

二、堆出高度的摆盘

这种摆盘如果用比较深的容器盛装，要用蔬菜、贝壳或碎冰堆成山形作为底部，再放上食材。要注意保持平衡，不要垮掉。

三、左高右低的摆盘

人们大多习惯使用右手，左高右低的摆盘方便使用右手拿筷子的人夹取食物。

四、薄刺身片的摆盘

　　将生牛肉或鱼肉偏白的鱼切成薄片后，呈放射状摆在圆盘里。注意：要切成方便食用的厚度。

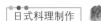

任务 2 ●●●● 主菜摆盘

一、强肴——盐烤香鱼

　　日式料理中的强肴是指主菜，经常作为强肴的就是烤鱼或烤牛肉。

　　将炒热并与蛋清混匀的盐撒在香鱼四周，以锡纸包裹固定。烤至有蛋白和盐焗烤特有的香味散发出来后，便可得香喷喷的盐烤香鱼。搭配陶烧方盘，放上粽叶、竹叶、杨梅等，以前低后高的构图摆盘。如果想让香鱼的成形美观，盐烤之前必须用烤肉叉将鱼体定形。

摆盘材料

餐具	陶烧方盘
食材	香鱼、杨梅、粽叶、竹叶等

二、烧物——炭烧牛眼肉

日式料理中的烧物是指烧烤。烧物的主要食材是牛肉、猪肉、鸡肉、羊小排、鱼、虾、贝类等。烧物不能回锅重新加热，因此必须趁热食用。

摆盘材料

餐具	粗纹厚底方盘
食材	牛眼肉、红甜椒、黄甜椒、线椒、炸蒜片、椒盐等

三、扬物——星鳗天妇罗

日式料理中的扬物是指炸菜，主要是天妇罗。天妇罗挂糊越薄越好、越热越香，最好现炸现吃。

特意选用清爽的翘边线纹方盘来盛装，并将球状的白萝卜泥与姜泥立于盘侧。这是为了减轻天妇罗给人的油腻印象。天妇罗底下垫的白色纸，可以不用常见的对半折法，如特意折成鹤形，便显庆贺之意。炸红薯丝上摆放三色堇等则加强了视觉上的丰富感。

 摆盘材料

餐具	翘边线纹方盘
食材	星鳗、白萝卜泥、姜泥、炸红薯丝等

四、煮物——京都风时令蔬菜鲍鱼精煮

日式料理中的煮物是指烩煮料理。煮物将食材用薄口酱油、酒以微火煮软、煮透，原汁原味，口味一般微甜、清淡。

从摆盘的角度来说，有时候越简单的餐具越容易散发魅力，选用素雅的石纹圆碗呈现鲍鱼的分量，浅灰碗缘与淡褐色酱汁

相互映衬，让内外得以统一。摆放蔬菜与配色时，着重留白，让画面更干净、舒服，可以让食客好好欣赏盘饰之美。

 摆盘材料

餐具	石纹圆碗
食材	鲍鱼、地瓜、莲藕、南瓜、芋艿、迷你包菜等

任务 3 ····· 配菜摆盘

一、蒸物——松茸蒸蛋

茶碗蒸是由茶道转变而来的蒸物料理，可边吃边欣赏陶瓷。因此，茶碗蒸等蒸物料理是高级日式料理店不可或缺的菜肴之一，其器皿极为讲究，做法和一般蒸蛋没什么两样。

摆盘材料

餐具	喇叭形白瓷碗
食材	鸡蛋、高汤、清酒、味淋、薄口酱油、松茸、豆苗等

二、醋物——醋拌北极贝莼菜

日式料理中的醋物和中国人理解的凉拌菜差不多。如中国菜出现鱼一样，怀石料理出现醋物，代表宴席接近尾声。

以高雅的高脚玻璃盏来盛装醋物，除了让小分量的醋物料理更加精致秀气，也将食用时的便利性纳入考量。享用时可以一手托盏，一手拿筷子，充分搅拌后再食用。装盛时，将主角北极贝放在上层，配角黄瓜放在下层。黄瓜爽口，北极贝鲜美，再佐以酸而不甜的柠檬醋。最上面漂着的莼菜既增加视觉美感，又能提味。

 摆盘材料

餐具	高脚玻璃盏
食材	北极贝、莼菜、黄瓜、柠檬醋等

任务 4 ●●●●● 汤品摆盘

椀物就是日式料理中的汤品。汤品风味的最主要来源是一次高汤、素高汤、鸡骨高汤、柴鱼高汤等。

此道椀物——松茸汤选用粉彩盖碗，搭配上近似无物。"清汤寡水"，除了美观加分外，追求的就是单一、纯粹的滋味。

摆盘材料

餐具	粉彩盖碗
食材	新鲜松茸、高汤、薄口酱油等

任务 5 ····· 寿司摆盘

一、握寿司六贯

　　为了让主角——握寿司有伸展的舞台和空间，选用低调而内敛的蓝纹条盘，让背景在简单中不失质感，再以缤纷多彩的生鱼片来提亮握寿司。内部"花团锦簇"与外部长方形的搭配，为整体增添了和谐气息，相当成功地展现了日式料理中以缤纷寿司为食事的档次概念。食事即日式料理的主食，包括各种饭、面条和寿司。

摆盘材料

餐具	蓝纹条盘
食材	金枪鱼握寿司、鲕鱼握寿司、三文鱼握寿司、鲷鱼握寿司、鲜虾握寿司、海胆握寿司、寿司姜片等

二、海胆军舰

　　一般寿司盛台为木制，此处改用陶烧盛台，不但能在色系上与食材相呼应，其质朴秀丽的陶烧风格也更能彰显海胆的尊贵，体现华贵感。垫底的蝉翼叶装饰品则具画龙点睛之效。选用尺寸较大的盛台，能让整份寿司获得充足的空间感。所谓军舰寿司，就是将醋饭用海苔裹成椭圆形，配料放上面。很多鱼子寿司都是军舰寿司。

 摆盘材料

餐具	陶烧寿司盛台
食材	海胆军舰寿司、寿司姜片等